Otto Köhnke

Der Ratgeber in der Behandlung der Fehler der Milch und Butter

unikum

Otto Köhnke

Der Ratgeber in der Behandlung der Fehler der Milch und Butter

---

ISBN/EAN: 9783845741772

Erscheinungsjahr: 2012

Erscheinungsort: Bremen, Deutschland

www.unikum-verlag.de | office@unikum-verlag.de

Otto Köhnke

Der Ratgeber in der Behandlung der Fehler der Milch und Butter

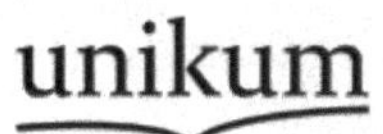

Der Rathgeber

in der Behandlung

der Fehler der Milch und Butter.

Von

Otto Köhnke,

Veterinärarzt, Landwirth, Lehrer an der landw. Lehranstalt zu Kappeln, vormals landw. Wanderlehrer, Präsident des Angeln-Schwansener landw. Vereins, Lehrer an den landw. Lehranstalten zu Oersberg und Mehlby 2c.

Mit Vorwort

von

Dr. J. Brümmer,

Professor der Landwirthschaft an der Universität Jena.

2te Auflage.

Bautzen.
Verlag von Eduard Rühl.
1890.

Vorwort.

Unter allen landwirthschaftlichen Gewerbszweigen ist es das Meiereiwesen, das im letzten Jahrzehnt, nachdem es seit Jahrhunderten im primitiven Zustande verharrte, die größten — ja geradezu staunenswerthen — Fortschritte aufzuzeichnen hat. Fast jede landwirthschaftliche Ausstellung führt uns neue, vielfach sehr geniale Erfindungen vor, deren richtige Anwendung eine immer höhere Ausnutzung der Milch und eine immer bessere Qualität der Milchprodukte ermöglicht. Diesen energischen und regen milchwirthschaftlichen Bestrebungen verdankt sogar in verschiedenen Distrikten die Landwirthschaft zum größten Theil ihre auch zur jetzigen ungünstigen Zeit verhältnißmäßig gute Situation. So soll z. B. Dänemark sein rasches Emporblühen nach der wirthschaftlichen Niederlage durch den letzten schleswig-holsteinischen Krieg der Hebung der Landwirthschaft, insbesondere durch die mächtige Entwickelung des Molkereibetriebes und dessen eminenten Einfluß auf die Landesviehzucht, verdanken.

Wie wesentlich selbst ein kleiner Fortschritt die Einnahmen aus der Kuhhaltung zu erhöhen vermag, zeigt folgendes Beispiel. Angenommen, ein Landwirth besitzt 20 Kühe, von denen jede jährlich 3000 L. Milch liefert, so ergiebt eine höhere Verwerthung der Milch von nur 1 Pfg. pro L. doch eine Mehreinnahme von 600 Mark jährlich. Wenn wir dieses Beispiel übertragen auf sämmtliche Kühe unseres Vaterlandes, so erhalten wir eine Summe, die wohl geeignet ist, ein allseitiges Interesse für Hebung der Milchwirthschaft wachzurufen. Leider sind aber im großen Deutschen Reich noch viele Gegenden von diesen Fortschrittsbewegungen gänzlich unberührt geblieben. Hier wird nach wie vor die Milchkuh mangelhaft gefüttert und gepflegt, die Milch falsch behandelt und Butter und Käse demgemäß in einer Qualität gewonnen, die nicht annähernd den heutigen Ansprüchen genügen kann. Es ist das in volkswirthschaftlichem Interesse sehr zu bedauern, und es dürfen in Anbetracht der hohen Bedeutung des Molkereiwesens für den gesammten Landwirthschaftsbetrieb keine Mittel unversucht bleiben, Fortschritte anzubahnen. Zu diesem Mittel gehört in erster Linie die Belehrung und Aufklärung durch Wort und Schrift. Milchwirthschaftliche Lektüre muß zuerst das Interesse wecken; Wandervorträge und Lehrkurse müssen zur weiteren Informirung hinzu kommen. Wird doch vielfach behauptet, daß die theils sehr bedeutenden Fortschritte in der amerikanischen Landwirthschaft in der Hauptsache auf das Vertrautsein der Farmer mit allen wichtigen Neuerungen und Verbesserungen ihres Gewerbes durch eifriges Studium der Fachlitteratur zurückzuführen seien. — Der deutsche Landwirth beachtet im Allgemeinen seine Fachlitteratur noch nicht entsprechend. Er liest politische und unterhaltende Blätter, aber verhältnißmäßig selten studirt er gute Fachzeitungen, d. h. diejenigen Zeitungen, die gerade für ihn, zur Hebung seines Gewerbes geschrieben sind, und Handbücher über Landwirthschaft käuft er noch seltener. Bedauerlicher Weise giebt es noch viele Landwirthe, die konsequent keine landwirthschaftliche Lektüre in die Hand nehmen und noch von dem Vorurtheil besessen sind, daß „alles was in den Büchern steht, für die Praxis nicht zu gebrauchen sei.“ Sie meinen — es kommen selbstverständlich lobenswerthe Ausnahmen vor — ihr Gewerbe zu verstehen, wenn sie in die Fußstapfen der Vorfahren treten.

Durch ein gutes Buch wird der Landwirth aber nicht allein gewarnt vor schlechter Wirthschaft, vor thörichtem Beginnen, sondern es lehrt ihn auch, wie er es anzufangen hat, um aus seinem Hofe den höchsten Nutzen zu ziehen, es erhält ihn auf dem Laufenden und bewahrt davor, bei etwa gar vorsündfluthlichem Betrieb, oder doch bei der Betriebsweise seines Großvaters zu verharren, welche nicht mehr zeitgemäß und deshalb keine genügende Rente mehr bringt. Der Landwirth ist an die Scholle gebunden, er hat keine Gelegenheit und nicht die Zeit, mit eigenen Augen zu sehen, was sich, Hunderte von Meilen von ihm entfernt, neu und erfolgreich gestaltet hat; er kann dies aber aus guten Büchern erfahren.

Die Anregungen zur Hebung des Molkereiwesens sind wesentlich ausgegangen durch Schriften und Vorträge von Männern wie B. Martiny, W. Fleischmann, C. Petersen 2c. Einer der ältesten Vorkämpfer ist der Verfasser dieser Schrift. Schon im Jahre 1847 wirkte Köhnke neben seiner Thätigkeit als Lehrer für Landwirthschaft und Thierheilkunde an der landwirthschaftlichen Lehranstalt in Oersberg bei Kappeln (Schleswig) und als praktischer Thierarzt und als Wanderlehrer und hielt hauptsächlich Vorträge über Hebung der Viehzucht und des Meiereiwesens. Köhnke hielt im Herbst jenes Jahres seinen ersten Wandervortrag in Hollerhitt bei Flensburg über „Milchwirthschaft“; und er wurde beauftragt in der nächsten Versammlung nochmals diesen Gegenstand zu behandeln. — Es wäre Undank, wenn wir es hier nicht aussprechen wollten, daß ein gut Theil von jenen Bestrebungen, welche die Viehzucht und Milchwirthschaft Angelns auf ihre jetzige Höhe gebracht haben, dem

Wirken Köhnke's zugeschrieben werden muß. Er predigte schon damals Einführung von Heerdbüchern u. s. w., deren hohe Bedeutung man aber erst in viel späterer Zeit erkannt hat.

In diesem „Rathgeber", in welchem Köhnke an seinem Lebensabend manche beachtenswerthe Erfahrung seiner langen Berufsthätigkeit niedergelegt und der Nachwelt überliefert hat, sind namentlich beherzigende Winke für den bäuerlichen Milchwirthschaftsbetrieb enthalten. Daß sich über verschiedene Aeußerungen des Verfassers streiten läßt, ist in Anbetracht des vorliegenden Themas leicht erklärlich. — Zunächst werden eingehend die Milch- und Butterfehler, deren Ursachen, Erscheinungen, Verhütung und Beseitigung besprochen. Köhnke hatte in seinem Beruf vielfach Gelegenheit, gerade hierin Beobachtungen anstellen zu können. Auf diesem Gebiet ist uns leider noch Manches völlig unbekannt. Mit Hülfe der jetzt an verschiedenen milchwirthschaftlichen Versuchsstationen eingerichteten bacteriologischen Laboratorien dürfte aber bald mehr Licht über die Ursachen mancher Milchfehler verbreitet werden. Die Milchkrankheiten führen nicht bloß zu empfindlichen pekuniären Verlusten wegen der durch dieselben hervorgerufenen Störungen in der Verarbeitung derselben zu Butter und Käse, sondern rufen auch vielfach Gesundheitsstörungen bei Thieren und Menschen hervor. Die übrigen Abschnitte behandeln: Die Bedeutung der Reinlichkeit in der Milchwirthschaft, Kellereinrichtung, Ansäuern des Rahms, Abbutterung, Aroma der Butter, Verpackung und Versendung, Färbung u. s. w.

Möge diese Schrift Anregung geben und Fortschritte insbesondere dort anbahnen, wo die Milchviehhaltung in Folge mangelhaften Verständnisses für dieselbe bisher zu einem wenig rentablen Wirthschaftszweig zählte.

Jena, den 28. Juli 1889.

Prof. Dr. Brümmer.

Inhalts-Verzeichniß.

Seite.

Vorwort III

Die Milchfehler 1

Die bittere Milch. — Die blaue Milch. — Die rothe Milch. — Die rothe, blutige Milch. — Die wässerige Milch. — Die säuerliche oder schnell gerinnende Milch. — Die dumpfige oder erstickte Milch. — Die albuminöse Milch event. der Rahm. — Die alkalisch käsige Milch event. der Rahm. — Die anderweitigen namenlosen Milchfehler . . . . 1—23

Die Prüfung der Milch 23

Die thierärztliche Behandlung 25

Anhang. Die Euterentzündung und die wichtigsten Striche- oder Zitzenfehler. — Das Euter und die Milch tuberkulöser Kühe . . . . . . 25—32

Die Butterfehler 32

Die ölige, fischige, thranige, höchst ranzige, staffige, fettige oder talgige, speckige, trockene, magere oder lose, schmierige, bittere, saure, Altmilchs-, käsige, krümelige, streifige oder flammige, dumpfige oder mulstrige und schimmelige Butter. — Die Butter mit Stallgeschmack und die Butter mit Futtergeschmack . . . . 32—45

Die Darstellung der hochfeinen Tafel-, andererseits Dauerbutter 45

Die Reinlichkeit in der Milchwirthschaft 45

Der Milch- und Butterkeller 46

Die Reaktion der Milch und des Rahms 47

Die Aufbewahrung der Milch u. s. w. 48

Die Ansäuerung des Rahms 49

Die Abbutterung 56

Die Tafel- und die Dauerbutter 59

Die präservirte Butter 64

Die Centrifugenrahm-Butter 65

Die Schmalz-Butter 66

Die Brat-Butter 67

Das Aroma der Butter 67

Das Kochsalz 69

Die Verpackung und Aufbewahrung der Butter 71

Die Färbung der Butter 73

Anhang. Die Heu- und die Strohbutter, die Fütterung des Milchviehes. — Rückblick auf die Darstellung der hochfeinen Dauer- und Tafel-Butter . . . . 76—85

Die Milchfehler.

Abgesehen von den Wirkungen mancher Krankheiten und Arzneimittel auf die Milchabsonderung in qualitativer und quantitativer Beziehung, zeigt schon unter ganz gewöhnlichen Verhältnissen die Milch der Rinder je nach der Rasse, der Individualität, der Kalbezeit, der Wartung und Pflege, der Menge und Güte der Futterstoffe, der Stallluft, der Jahreszeit, der Witterungsverhältnisse, dem Melken, der Aufnahme von Gerüchen und Gasen, nach Anstrengungen, Transport der Milch u. s. w. mehr und minder große Verschiedenheiten.

In Betreff der vorstehenden Verhältnisse mögen einige dem angehenden Milchwirthschafter weniger bekannte Verhältnisse in Erinnerung gebracht werden.

Von jungen Kühen wird aus deren Milch und Rahm rascher die Butter gewonnen, als von älteren Kühen.

Die Kalbezeit hat stets einen großen Einfluß auf die Abbutterungszeit, — dieselbe ist immer kürzer in dem ersten, zweiten und dritten Monat nach dem Kalben, als nach 6, 7, 8 Monaten und scheint dieses theilweise mit der Zunahme des Eiweiß- oder Albumingehaltes der Milch in Verbindung zu stehen.

Auf der Weide bei anhaltend trockener Witterung bedarf man 2, 3, 4 und mehr Liter Milch zu einem Pfund Butter und treten in der Qualität der Milch stets Abweichungen auf.

Ebenfalls verdienen einige Umstände in Betreff der Verschiedenheit des Butterfettgehaltes der Milch erwähnt zu werden, die mit Milchfehlern nichts gemein haben, indeß in ökonomischer Beziehung alle Beachtung verdienen.

Der Fettgehalt der Milch ist verschieden nach der Melkzeit. Die Beobachtungen, Versuche und genaue Buchführung des Verfassers aus dem Jahre 1858 im Juni, bei guter Grasweide mit vielem weißem Klee, über drei junge Kühe, ergaben: Morgenmilch 5 Uhr annähernd 3,50 pCt., Mittagmilch 12 Uhr annähernd 4,50 pCt., Abendmilch 7 Uhr annähernd

4 pCt. Butterfett. Gemisch der Gesammtmilch im Mittel 3,80 pCt. Butterfett. Der Mehrertrag an Milch betrug bei zwei Kühen annähernd 2 Pfund, bei der dritten Kuh reichlich 2 Pfund täglich.

Morgens 6 Uhr und Abends 6 Uhr gemolken, ergab die Butterfett-Ausbeute der Gesammtmilch im Mittel 3,55 pCt.

Von dem ersten bis dem dritten und dem fünften Kalbe ergab die Milch jener Thiere den höchsten Fettgehalt, dann allmälige Abnahme, und kann diese mit dem elften, zwölften und dreizehnten Kalbe bis 20 pCt. betragen, wogegen der Käsestoff bis zu jenem Alter allmälig zunimmt. Auf das Milchquantum hat das Alter bei sonst guten Fütterungsverhältnissen und normalem Gesundheitszustande, namentlich guten Zähnen, in der Regel keinen erheblichen Einfluß. Eine Ausmerzung derjenigen Kühe mit etwa dem zehnten Kalbe wird sich in ökonomischer Beziehung im Allgemeinen empfehlen.

Zu den Milchfehlern oder Fehlern der Milch rechnet man im Allgemeinen nur diejenigen Fehler, welche den Milchwirthschafter gewissermaßen wie Diebe in der Nacht überfallen, mithin ohne jegliche erkennbare Krankheits-Symptome oder Krankheits-Erscheinungen der Thiere plötzlich auftreten. Dagegen lassen die Milchfehler von Thieren mit ausgesprochenen Krankheits-Symptomen eine fehlerhafte Milch bei einiger Aufmerksamkeit sinnlich erkennen oder doch voraussetzen und ist von deren Gebrauch entweder abzurathen oder zu empfehlen, dieselbe unter besonderen Vorsichtsmaßregeln gekocht, zu sondern, wie z. B. bei Lungenleiden, Lecksucht, Knochenbrüchigkeit die sandige Milch u. s. w., bei Leber-, Gallen- und Verdauungsleiden die recht häufig auftretende gelbliche, mehr und minder bittere Milch, bei Nierenleiden, Zurückbleiben der Nachgeburt, Milzbrand die zeitweilig auftretende rothe und röthliche Milch, bei Euterleiden und Euterentzündungen und ebenfalls öfter bei Kühen mit nur drei Strichen die fehlerhafte, bald flockige, bald salzige Milch, bei Eierstocksleiden (Brummer) und Tuberkulose — Perlsucht, die albuminöse Milch, bis 8 Tage vor dem Abortus, — Frühgeburt,*) die schließlich stark albuminöse oder

*) Die Fehlgeburten kommen vor im zweiten, dritten, vorzugsweise im sechsten, siebenten Monat der Trächtigkeit. Bis zu etwa 8 Tagen vor dem Abortus bemerkt man eine grossschaumige, eiweißhaltige, colostrumartige Milch, die beim Sieden gerinnt. Die Schleimhaut der Geschlechtstheile ist höher geröthet und bald ohne, bald mit sichtbaren, kleinen, kaum hirsekorngroßen Knötchen besetzt; der Schleimausfluß ist spärlich und enthält zahlreiche niedere Organismen oder Lebewesen (Bakterien), welche die Veranlassung zur Ansteckung und Verbreitung auf andere Kühe abgeben dürften. Eine Desinfection ist demnach geboten und geschieht die Verbauung durch die unter thierärztlicher Behandlung angegebene Holzaschemischung und durch angemessene Gaben Opium und Campher.

schleimige, colostrumartige Milch, die fehlerhafte Milch bei allen Seuchen und anderweitigen Krankheiten.

Alle Fehler der Milch, welche durch Krankheiten oder Arzneien entstanden, verschwinden nach Hebung der Krankheit, andererseits nach Wegfall der Arzneien.

Das Verhältniß einer normalen Milch darf annähernd in der folgenden Weise schwanken und müssen die Verhältnisse, die über oder unter, oder in jene extreme Zahlen übergehen, als eine abnorme oder fehlerhafte Milch betrachtet werden.

Spec. Gewicht zwischen 1,027 bis 1,035.

Wasser	84—90 pCt.
Butterfett	2,5—4,5 „
Käsestoff	3,5—5,0 „
Eiweiß	0,1—0,5 „
Milchzucker	3,0—5,5 „
Mineralstoffe	0,7—0,8 „

Milchaschen-Analysen im Mittel nach Prof. Dr. Fleischmann:

Phosphorsäure	28,31 pCt.
Chlor	16,34 „
Calciumoxyd	27,00 „
Kaliumoxyd	17,34 „
Natriumoxyd	10,00 „
Magnesiumoxyd	4,07 „
Eisenoxyd	0,62 „
	103,68 pCt.
Ab Sauerstoff	3,68 „
	100,00 pCt.

Basisch phosphorsaure Kalkerde und Kali sind die Hauptbestandtheile der Milchaschen und pflegen jene in fehlerhafter Milch vorzugsweise in abnormen Verhältnissen vorzukommen, deshalb vermag denn auch bei vielen Fehlern der Milch schon allein eine gewisse Gabe von basisch phosphorsaurer Kalkerde und roher Pottasche, besser feingesiebter Holzasche, den Thieren auf das Futter verabreicht, das Uebel zu heben.

Bedauerlich bleibt es, daß die große Mehrzahl der in den Milchwirthschaften vorkommenden Fehler für die wissenschaftliche Forschung verloren geht, weil sich im großen Ganzen die Hausfrauen nicht dazu verstehen können, Rath zu holen, aus falscher Scham oder Scheu, ihr guter Ruf als Hausfrau und Milchwirthschafterin könne gefährdet werden, es sei denn bei einem vermeintlich verschwiegenen Hexenmeisterkünstler. Wochen und Monate lang quält man sich geheimnißvoll, unterdeß das

Mißgeschick öffentliches Geheimniß ist, mit dem Fehler und häufig recht großem Verlust, bis günstige Verhältnisse und die gütige Mutter „Natur“ das Uebel nach und nach wieder beseitigen, während dasselbe durch den Fachmann wahrscheinlich binnen kurzer Zeit zu heben gewesen, mehr und minder großen Verlusten vorgebaut und der Wissenschaft werthvolles Material geliefert wäre.

Nur dort, wo Praxis und Wissenschaft Hand in Hand mit einander gehen, kann der Fortschritt gedeihen.

Die Fehler der Milch, welche vorzugsweise in Betracht kommen und sich theilweise schon bei dem Melken und Stehen der Milch, theilweise erst bei den verschiedentlichen Operationen für Butter-, andererseits Käse-Bereitung wahrnehmen lassen, sind folgende:

1. die bittere,
2. die blaue,
3. die rothe,
4. die rothe, blutige,
5. die wässerige,
6. die säuerliche oder schnell gerinnende,
7. die dumpfige oder erstickte Milch,
8. die albuminöse Milch event. der Rahm;
9. die alkalisch käsige Milch event. der Rahm;
10. die anderweitigen namenlosen Milchfehler.

Die vereinzelt gefundenen und bezeichneten, weniger festgestellten Milchfehler: die faulende, die gährende, die weingeistige u. s. w. Milchen, sind voraussichtlich auf eigenthümliche Zersetzungen der Milch durch Spaltpilze*) oder niedere Organismen, zurückzuführen.

In Bezug der niedern Organismen oder Lebewesen, so sind diese voraussichtlich auch in denjenigen Wirthschaften in der Vollmilch oder abgerahmten Milch für Saugkälber vorhanden, die leider das Mißgeschick haben, bald alle, bald fast alle Saugkälber an der Saugkälberkrankheit, die man einfach „Durchfall“ bezeichnet, zu verlieren.**)

Das Wesen, die Ursachen und die Heilung der angedeuteten Milch-

*) Die Spaltpilze, zu denen auch die Infectionspilze gehören, bewirken in der Milch und in Zuckerlösungen Milchsäure u. s. w., wogegen die Sproßpilze Alkoholgährung herbeiführen. Die Spaltpilze können unter günstigen Umständen sich schon innerhalb 5—10 Stunden zu hundert Tausenden vermehren. Dr. Ferd. Cohn fand, daß unter günstigen Umständen eine einzelne Bakterie sich innerhalb 24 Stunden zu mehr denn 16 Millionen, innerhalb 48 Stunden zu mehr denn 280 Billionen Bakterien vermehren kann.

**) Vollmilch und abgerahmte Milch, die beim Kochen gerinnt, darf Kälbern und Ferkeln niemals verabreicht werden, und man thut wohl, diese gekochte geronnene Milch fehler sind erfreulicher Weise heutigen Tages einigermaßen so weit festgestellt, daß man dieselben theils vorzubauen, theils zu beseitigen oder unschädlich zu machen vermag.

1. Die bittere Milch.

Die bittere Milch ist neben der albuminiösen Milch eine der häufigsten Erscheinungen und kommt zu allen Zeiten, am häufigsten jedoch im Herbst und Winterhalbjahr vor und führt zu den meisten Verlüsten.

Eigenschaften.

Die bittere Milch erscheint nach ihren Ursachen und Abweichungen sehr verschieden in Farbe, Consistenz, Geruch, Geschmack, Reaction und spec. Gewicht.

Die Farbe ist bald normal, bald mehr und minder gelblich, die Consistenz ist bald normal, bald zusammenhängender oder dickflüssiger, schleimig, der Geruch bald normal, bald mulstrig, moderig, besonders thierisch und dergl. m., der Geschmack ist sehr verschieden, bald anfänglich süß und normal, um allmälig in höchste Bitterkeit überzugehen, bald von vornherein schwach, bald stark bitter, ausnahmsweise an ranzige Butter erinnernd, die Reaction wechselnd: alkalisch, neutral, säuerlich, das spec. Gewicht endlich ebenfalls sehr wechselnd.

---

nicht zu verabreichen. Die bei der Aufzucht unentbehrliche, sehr eiweiß- und mineralstoffhaltige, heilsam wirkende Colostrum-Milch macht eine Ausnahme.

Tritt „Durchfall" bei Kälbern in Folge Verabreichung ungekochter Milch ein, so zeigt die Section des gestorbenen Thieres einen mehr oder minder den ganzen Labmagen ausfüllenden, ungemein festen, lederartigen Käsestoffballen, in Folge dessen stark ätzende Säuren, namentlich Milchsäure sich bildet und in wenigen Tagen schließlich brandige Zerstörung des Magens und der Gedärme eingetreten ist. Ein durchaus bewährtes Mittel, sofort bei jenem Durchfall angewandt und beruhend auf einen rein chemischen Vorgang, nämlich Lösung des festen, lederartigen Käsestoffballens und Neutralisirung oder Sättigung der bereits gebildeten Säuren, besteht in der einfachen Verabreichung einer Sodalösung in gekochter Milch; je nach dem Alter des Thieres bis zu 30—40 Gramm gewöhnlicher käuflicher Soda (kohlensaures Natron) zweimal täglich lauwarm verabreicht. Am zweiten, dritten Tage ist der sonst unverdauliche, unlösliche, feste, zähe Käsestoffballen des Labmagens durch die Sodalösung entsäuert, gelöst, fortgeführt und damit das tödtliche Uebel beseitigt. Viele hundert Kälber wurden in vorstehender Weise von dem Verfasser seit etwa 35 Jahren gerettet. Die übliche Anwendung des Opiums, der kohlensauren Magnesia, Kalkerde u. s. w. sind immer Palliativmittel oder das Ende verzögernde Arzneimittel, wie der Verfasser zu Anfang seiner thierärztlichen Laufbahn leider oft hat erfahren müssen.

Ist demnach das Uebel durch Nachlässigkeit oder Unterlassung der allerdings mit einiger Unbequemlichkeit verbundenen Aufkochung der Milch herbeigeführt, so steht jetzt ein einfaches Haus- und Heilmittel zur Verfügung.

Die Rahmung und Abbutterung geht in der Regel träge und unvollständig vor sich, in höheren Graden Nichtabbutternkönnen oder sehr träge und unvollständige Abbutterung und wegen der Bitterkeit, gewöhnlich Ungenießbarkeit der Butter.

Ursachen.

Abgesehen von ausgesprochenen Krankheits-Symptomen der Verdauungs-, des Drüsen- und des Blutgefäß-Systems liegen der bittern Milch drei Ursachen zu Grunde und zwar entsteht bittere Milch

1. durch Pflanzenstoffe;
2. von altmelkenden Kühen und
3. durch Mangel an Reinlichkeit oder zu langer Aufbewahrung oder auch durch beide Vorkommnisse vereinigt.

1. Die bittere Milch durch Pflanzenstoffe.

Die Zahl jener Pflanzenstoffe und Fabrikationsrückstände und die Menge der Verabreichung, welche in Frage kommt, bittere Milch zu erzeugen, ist in wenigen Fällen sicher festgestellt und mögen deshalb vorzugsweise diejenigen folgen bei denen theils Gewißheit, theils mehr denn Verdacht vorliegt: verdorbenes oder schlecht zubereitetes Gährungs- und Sauer-Futter, alte Träber und Schlempe, alte Molken, überhaupt verdorbene Futterstoffe aller Art, ausgetrocknete Weiden mit verdorrten Pflanzen, Baumlaub besonders im Herbst, Baumreiser, Bärenklauen-Arten, Butterblumen, Distel-Arten, Duvok-Arten, Fetthenne-Arten, Gersten-, Hafer- und Wickenstroh, Hundsblumen, reiner grüner Klee und dergl. Kleeheu, Lauch- und Lupinen-Arten, Raps- und Rübsen-Kuchen namentlich feucht verfüttert, Reinfarren, Steckrüben und Turnips in den verschiedenartigsten Zubereitungen, Stengel und Strünke von Baum-, Grün-, Braun- und Weiß-Kohl nebst Blättern, Vogelwicken und Wicken-Arten und alle Futterstoffe, die von Pilzarten besonders von folgenden befallen sind: Aecidium, Claviceps, Dyctyostelium, Erisiphe, Mucor, Penicillium, Puccinia, Uredo, Urocystis, Ustilago, Tilletia und Xylama. Jene Pilze bewirken bald bittere, bald anderweitig fehlerhafte Milch und bald nach kürzerer, bald nach längerer Zeit krankhafte Zustände der Thiere.

Mehr und minder stark verschimmeltes Streumaterial kann theils zu bitterer Milch, theils zu andern Milchfehlern Veranlassung geben und verdient deshalb große Beachtung.

Große Gaben Runkelrüben können eine bittere Milch herbeiführen und scheint von derselben dann der bitter-kratzende Stoff, welcher der Rübenmelasse und dem rohen Runkelrübenzucker-Syrup anhängt in mehr denn Spuren in das Butterfett überzugehen, weshalb namentlich für die Dauerbutter bei der Verfütterung große Vorsicht geboten ist, — eine tägliche Gabe von 25—30 Pfund sollte nicht überschritten werden.

Runkelrübenköpfe und Köpfe der anderweitigen, üblich angebauten Rüben bewirken bei mäßiger Verfütterung, gar leicht „harte, krümelige Butter.“

Verhältnißmäßig kleine Mengen der großen Fetthenne (Sedum Telephium), sowie Vogelwicken in Gersten- oder Haferstroh, erstere unter anderm auch in Kleegrasheu, geben nach kurzer Zeit eine sehr bittere Butter. Bittere Butter in Folge starker Haferstrohfütterung hat der Verfasser nie, obgleich dasselbe im Verdacht steht, bei gesundem Gerstenstroh dagegen öfter beobachtet.

Frühgemähte, unkrautfreie, gut geborgene Gerste gedroschen und jenes Stroh zu circa 5 Pfund täglich à Kuh als Beifutter gegeben, liefert in manchen Jahrgängen einige Wochen lang verabreicht, plötzlich eine träge Abbutterung und eine mehr und minder bittere Milch und Butter, gegen die weder die Wasser- noch die Centrifugen-Meierei Hülfe bietet.

Diese Beobachtung hat der Verfasser in einigen Jahrgängen, zuletzt im Winterhalbjahre 1884/85 nicht allein in seiner eigenen Wirthschaft, sondern in allen denjenigen Wirthschaften gemacht, die in erörterter Weise und stärker, Gerstenstroh fütterten. Ersatz durch Haferstroh oder durch jedes andere gesunde Getreide- und Hülsenfrucht-Stroh hebt das Uebel in 5—7 Tagen.

Die sibirische Bärenklaue, angebaut in meinem Obstgarten, eine sehr ertragreiche, saftige, bittere Pflanze, hatte gegen 15 Jahre, als vortreffliches Frühjahrsfutter auf dem Stalle gedient, ohne Fehler der Milch zu erzeugen, bis endlich 1886 eine neu angekaufte Kuh, der allerdings in großen Rationen jenes Futter verabreicht wurde, bittere Milch erzeugte, die jedoch nach einigen Tagen verschwand, nachdem die Fütterung der Blätter auf zwischen 10—20 Pfund herabgesetzt war.

In der Milch von schimmligem Futter, welche bittere Butter und bitteren Käse ergeben hatte, wurden von Director, Dr. Engling, landw. Versuchs-Station des Landes Vorarlberg,*) folgende, mehrfach von der normalen Milch abweichende Verhältnisse gefunden:

Reaction: alkalisch, spec. Gewicht 1,028.

Butterfett	3,25	pCt.
Kaseïn	2,16	„
Albumin	0,33	„

---

*) Dr. v. Klenze, Lehrbuch der Käserei-Technik.

Albuminode . . . . 0,46 pCt.
Milchzucker . . . . 3,58 „
Asche . . . . 0,90 „

Die mikroskopische Untersuchung ergab viele hornige Hautkrümmer, einige grüne Pilzfäden und nur fast große Milchkügelchen.

Die zahlreichen verschiedenartigen Bitterstoffe der Pflanzen sind nach den langjährigen Erfahrungen des Verfassers bei einem Besuch von hunderten von Stallungen, Beobachtungen und Untersuchungen, in ihrer Wirkung auf die Milch bei den verschiedenen Individuen außerordentlich abweichend. Bald sind dieselben selbst in sehr großen Gaben verabreicht ohne allen und jeden nachtheiligen Einfluß, bald in verhältnißmäßig großen Gaben verabreicht, beeinflussen sie nur die Milch, bald erzeugen dieselben schon bei Verabreichung verhältnißmäßig kleiner Gaben eine mehr und minder bittere Milch und Butter, womit dann vorerst gewöhnlich die anderweitig gewonnene Milch verdorben wird und man sich dem Irrthum hingiebt, daß der ganze Viehstapel an fehlerhafter Milch leidet. Die Cruciferenarten, namentlich der weiße Senf und die Turnipsarten, sind ganz vortreffliche Futterstoffe, die Wirkungen der Bitterstoffe derselben, bei den verschiedenen Viehbeständen und einzelnen Thieren zu beobachten. Theilweise erklären sich aus obigen Verhältnissen die Widersprüche in den Beobachtungen und Erfahrungen über die Wirksamkeit bald dieser, bald jener Futterstoffe und theilweise die Unhaltbarkeit der theoretischen Berechnungen der Futterwerthe und der Futterwerth-Marktpreise.

Bittere Milch giebt immer eine mehr und minder schmackhafte, bald bitterranzig werdende Butter.

Bei dem Vorkommen dieses Uebels sind alle erörterten Verhältnisse sehr wohl zu berücksichtigen und ergiebt sich dann die Vorbeugung von selbst, wenngleich dieselbe unter Umständen Schwierigkeiten und nicht unerhebliche Opfer im Gefolge haben kann. Gaben von Glaubersalz und Salzsäure können das Uebel nach rascher Aufhebung der Ursachen häufig günstig abkürzen.

2. Die bittere Milch von altmelkenden Kühen.

Diese bittere Milch auch bittere geltige Milch oder bittere Altmilch genannt, kommt in 3 Modificationen vor:

a) im ersteren Falle erscheint die Milch sofort beim Melken mehr und minder oder auch sehr stark bitter und abnorm eiweißhaltig;
b) im zweiten Fall ist die zuerst gemolkene Milch etwa bis zu einem Viertel und mehr, verschiedentlich bitter und eiweishaltig, hierauf

erfolgt eine anscheinend normale süße Milch. Stellt man diese Milch ruhig hin, so beginnt nach 1—2 Stunden ein Bitterwerden. Dieses nimmt innerhalb 10—12 Stunden ganz bedeutend zu und hat sich nach 20—24 Stunden zur fast oder auch ungenießbaren Bitterkeit gesteigert;

c) diese letztere Modification hat alle Eigenschaften einer normalen Milch. Stellt man diese Milch ähnlich wie Modification b ruhig hin, so erfolgen dieselben Veränderungen und wird dieselbe innerhalb 24 bis 36 Stunden meistens ganz ungenießbar bitter und abnorm eiweißhaltig.

Das spätere Verhalten der 3 Modificationen weicht nicht wesentlich von einander ab, nur ist die Zunahme des Zusammenhanges oder der klebenden Zähigkeit, je nach dem Gehalte an Albumin und Albuminoden etwas abweichend.

Die Butter läßt sich bei sehr träger Abrahmung und Abbutterung anfänglich noch gewinnen, ist jedoch bitter; nach wechselnden Zeiträumen erfolgt Nichtabbutternkönnen sehr häufig unter der Erscheinung, daß der Schaum in Folge des Eiweißgehaltes, — 0,6 bis 4 pCt., immer zum Butterfasse hinaustritt. In den höheren Stadien des Nichtabbutternkönnens verbleiben auf dem Milchsieb der durchgeseihten, frischgemolkenen Milch nicht selten zarte, käsige Gerinnsel.

Die letztere, öfter vorkommende Modification c, führt mehr wie man glauben sollte zu den größten Verlusten und Täuschungen, weil man dadurch irre geführt, daß jene Kühe frisch gemolken und die Milch sinnlich geprüft, vollkommen süß und normal erscheint, dieselbe der anderweitig gewonnenen Milch hinzufügt. Der Milchfehler der betreffenden Kuh wird nicht erkannt, demnach derselbe ganz gewöhnlich den Futterstoffen oder Mangel an Reinlichkeit in der Meiereiwirthschaft und früher dem Uebernatürlichen (Hexerei) zugeschrieben. Weil die schuldigen Kühe event. Kuh inzwischen aufgetrocknet wird oder kalbt und der Milchfehler plötzlich verschwindet, wird der Fall bald vergessen, ohne die schuldbeladene Kuh als Ursache erkannt zu haben.

Stark ausgeprägte „Altmilchs-Butter“ kann von einer derartigen, in einem größeren Viehbestande vorhandenen Kuh bewirkt werden, wogegen in einem kleineren Viehbestande mehr und minder stark ausgesprochene bittere Milch und gewöhnlich ungenießbare bittere Butter gewonnen wird.

Ursachen.

Die Ursachen der bittern Altmilch liegen in gewissen Individualitäts- und Organisations-Verhältnissen der Thiere mit eigenthümlicher Empfänglichkeit und Entwickelung niederer Organismen in der Milch.

Zu diesem Milchfehler geben speciell Veranlassung ältere und alte Kühe, ausnahmsweise junge Kühe, welche sich entweder im trächtigen Zustande befinden oder schwangerfrei (gelt, güst, fehr) geblieben sind. Nach dem Kalben ist die Milch normal, um in den letzten 2—3—4 Monaten vor dem Kalben, ausnahmsweise gleich nach der Hälfte der Tragezeit, sich rasch in die immer mehr bitter werdende Milch zu verwandeln. Bei schwangerfrei gebliebenen Kühen, wenn sie bittere Milch liefern, erscheint dieselbe gewöhnlich in den letzten Monaten des Versiegens.

Bei diesen eigenthümlichen Individualitäts- und Organisations-Verhältnisse u. s. w. ist jede arzneiliche Behandlung der betreffenden Thiere ohne Erfolg. Dagegen hat sich nach oft wiederholten Vorkommnissen und Versuchen des Verfassers, — 1886 bei einer eigenen Milchkuh reichlich 9 Wochen hindurch und ca. 16 Wochen vor dem Kalben, das lehrreiche und werthvolle Resultat ergeben, gleichgiltig für die Praxis, welchen Ursachen man das Uebel zuschreibt, daß wenn man die bitterfreie Milch b und c gleich nach dem Melken aufkocht, neben der Gerinnung des Eiweißes der Milch die Tödtung von voraussichtlich niedern Organismen oder Bakterien erfolgt und ein späteres Bitterwerden der Milch vollständig beseitigt ist. Eine solche Milch kann in der Hauswirthschaft stets als eine normale benutzt werden.

3. Der bitteren Milch durch Mangel an Reinlichkeit u. s. w. gewonnen, liegen Entwickelungen niederer Organismen zu Grunde, die voraussichtliche gewisse Antheile Käsestoff und Milchzucker in Albumin und Albuminode oder schleimige Substanzen zerlegen und den Bitterstoff mit sich führen.

In Bezug der Behandlung, so ist die Aufbewahrung der Milch abzukürzen und eine gründliche Reinigung und Desinfection der Meierei-localitäten und Meiereigeräthe, nicht weniger des Euters und des Kuhstalles vorzunehmen.

Für eine raschere und bessere Abbutterung des Rahms von bitterer Milch und bessern Geschmack der Butter, ist ein angemessener Zusatz von Kalisalpeter, andererseits Weinsteinrahm, zerschnittenen Zwiebeln u. dgl. m. empfohlen, allein der Verfasser hat nichts weniger denn günstige Resultate von der Anwendung jener Stoffe beobachtet und sind solche, der Natur der Sache nach, auch nicht wohl zu erwarten.

2. Die blaue Milch.

Eigenschaften.

Die blaue Milch erscheint im Ansehen, Geruch und Geschmack beim Melken normal, indessen in gewisse Geräthe und Localitäten gebracht, treten binnen 24—36 Stunden an ihrer Oberfläche blaue Flecken auf, welche rasch zunehmen, so daß die ganze Oberfläche binnen kurzer Zeit eine dunkelblaue Farbe annimmt; später wird die ganze Milch blau und schließlich in eine schmutzige Masse umgewandelt, womit das Uebel seine völlige Ausbildung erreicht hat. Ausnahmsweise bemerkt man, bevor die blaue Farbe eintritt, wechselnd eine röthliche oder eine gelbliche oder bläulichgrüne Färbung der betreffenden Milch. Dieser Fehler tritt vorzugsweise in den Sommermonaten auf und wird durch recht feuchtwarme Luft begünstigt.

Ursachen.

Der Fehler besteht in einem eigenthümlichen Pilze, der den Namen Bacterium syncyaneum führt und sich auch auf sehr stickstoffreichen Resten: Brod, Käse, Blumenerde u. s. w. bald als blauer, bald als rother Farbstoff entwickelt. Der Käsestoff der Milch ist vorzugsweise der Träger dieses Pilzes. Die gesundheitliche Schädlichkeit der blauen Milch ist festgestellt.

Behandlung.

Bei der „blauen Milch" ist die Aufgabe zu lösen, den Pilz und die Schwärmzellen des Pilzes zu vernichten. Diese Vernichtung geschieht durch Reinigung aller Milchgeräthe mit heißer Sodalösung, die mit etwas frischgebranntem und zu trockenem Pulver gelöschtem Kalk versetzt ist; demnächst müssen alle Meiereiräumlichkeiten mit Bleichkalk und Carbolsäure, von jedem etwa ein Gewichtstheil mit 10—15 Gewichtstheilen Wasser gemischt, ausgeweißt oder bestrichen werden, die Fußböden und Decken mit einer allenfalls etwas verdünnteren Lösung gewaschen und gereinigt, und die ganzen Localitäten auf einige Tage bestens gelüftet werden. Die Verwendung der concentrirten doppelt schwefligsauren Kalkerdelösung,*) desgl. die Schwefelverbrennung, um schweflige Säure zu erzeugen, dürften ebenfalls als Desinfectionsmittel bestens zu empfehlen sein. Die Kleidungsstücke des Meiereipersonals müssen gleichzeitig, soweit solches angängig, gewaschen, dagegen die anderweitige Kleidung gut ausgeklopft und gelüftet werden. Nachdem diese mühevolle und unerquickliche Procedur genau durchgeführt worden ist, wird das Uebel verschwunden sein. Zur Warnung mag dienen, daß in einem Falle dieser Milchfehler dadurch herbeigeführt wurde, daß man mit jenem Pilz behaftete Blumentöpfe in den Milchkeller zur Ueberwinterung gestellt hatte; am häufigsten wird das Uebel herbeigeführt durch Benutzung des Milchkellers als Speisekammer und Aufbewahrungsort der Käse.

---

*) Bezugsquelle: M. Brockmann in Eutritzsch-Leipzig.

Der Käsestoff ist wegen seines hohen Stickstoffgehaltes der fruchtbarste Boden für das Wachsthum der Pilze, wogegen alle reinen Fette und Kohlenhydrate wegen ihres Mangels an Stickstoff ein Wachsthum der Pilze nicht zulassen oder deren Existenz untergraben.

3. Die rothe Milch.

Eigenschaften.

Die rothe oder röthliche Milch ist dem Verfasser seit mehr denn 40 Jahren in seiner landwirthschaftlicheu und thierärztlichen Praxis nicht vorgekommen und daher wohl eine seltene Erscheinung. Sie soll sich von normaler Milch anscheinend nur durch die Färbung unterscheiden.

Ursachen.

Der Fehler soll durch den Genuß von Pflanzen mit rothem oder sich in roth umsetzenden Farbstoff und auch durch Pilze entstehen und ist bislang kein nachtheiliger Einfluß auf die Gesundheit und auf die Butter beobachtet worden.

Diese Milch ist nicht zu verwechseln mit jener röthlichen und rothen Milch, welche öfter erhalten wird von Kühen, die in Waldungen oder in der Nähe von Waldungen weiden und bei denen die Krankheit „Blutharnen" im Anzuge ist, speciell herbeigeführt durch den Genuß von Pflanzen mit Raupen oder schädlichen Waldpflanzen, unter anderm Buschwindröschen, namentlich der weißen Osterblume, Einbeere, Fichten- und Tannen-Nadeln, harzigen Baumsprossen, Hahnenfuß-Arten, Küchenschelle, Lebensbaum, Sadebaum, Sauerklee, Wasserpfeffer, Wolfsmilch-Arten u. dgl. m. Auch Zurückbleiben der Nachgeburt erzeugt ausnahmsweise röthliche Milch, und dürften beide Milchen für den menschlichen Genuß als sehr schädlich anzusehen sein.

Die gefährliche rothe Milch, welche zeitweilig bei dem Milzbrand erzeugt wird, soll hier nur angedeutet werden.

4. Die rothe blutige Milch.

Eigenschaften.

Die rothe blutige Milch zeigt sich entweder schwach röthlich oder Blutkörperchen in rothen Streifen auf oder in der Milch, es setzt sich nach und nach ein rother Bodensatz zu Boden.

Ursachen.

Jener rothe Bodensatz besteht aus Blutkörperchen und bleiben dieselben beim Stehen und vorsichtigen Abgießen der Milch am Boden des Gefäßes liegen. Die blutige Milch ist nach dem Kalben eine häufige Erscheinung, besonders unter den besten Milchgebern. Die Gewinnung derartiger

Milch kann kürzere oder längere Zeit, oft bis 8 Wochen anhalten und liegt im ungewöhnlich reichen Blutzufluß zum Euter und Zerreißen von Blutgefäßen beim Melken. Dieses Uebel macht die Milch unappetitlich, hat aber auf Milch und Butter anscheinend weiter keinen Einfluß.

Behandlung.

Die rothe, blutige Milch, welche durch die mechanischen Einwirkungen beim Melken herbeigeführt wird, kann durch einen Milchkatheter theilweise und auch ganz beseitigt werden, jedoch darf man den Katheter nicht jeder Melkerin anvertrauen und bedarf es daher der Aufsicht.

Arzneiliche Behandlung ist ausgeschlossen.

5. Die säuerliche, schnell gerinnende Milch.

Eigenschaften.

Die säuerliche Milch kommt vorzugsweise im Sommer vor; sie reagirt stark säuerlich, gerinnt bald, der Rahm schimmelt leicht und die Abbutterung geht schwer vor sich. Man erhält eine käsige, sehr bald in Verderbniß übergehende Butter.

Ursachen.

Mangel an Reinlichkeit giebt Veranlassung zu der „säuerlichen, schnell gerinnenden Milch", „der blauen Milch", der „langwerdenden Milch" und mehrfachen anderweitigen, nicht näher untersuchten Milchfehlern. Uebrigens kann die „schnell gerinnende Milch" auch durch meteorologische Verhältnisse, unter anderm große Hitze, Gewitterluft u. dgl., mithin Temperaturschwankungen, sowie durch Störungen im Verdauungssystem u. s. w., herbeigeführt werden, indem jene Eigenschaft auf verfrühter, rascher Milchsäurebildung beruht. Eine frisch gemolkene Milch, die durch Lackmuspapier Säure anzeigt, darf überhaupt nicht als eine normale angesehen werden. So weit der Verfasser bis jetzt gefunden, bewirken starke Oelkuchenfütterung und starke Verabreichung anderweitiger Fabrikationsrückstände auf dem Stalle, andererseits eine Weide, vorzugsweise mit rothem Klee, mehr und minder säuerlich reagirende Milch. Die Säuren sind Milchsäure, Kohlensäure und Phosphorsäure, letztere gebunden an Kali und Natron als zweifach phosphorsaures Kalinatron. Die Vermuthung, daß auch Buttersäure in jener Milch vorhanden ist, bedarf noch der Bestätigung. Im Allgemeinen reagirt eine normale Milch bei naturgemäßem Futter neutral oder schwach alkalisch, besonders alkalisch reagirt die Milch auf guter Grasweide mit weißem Klee, andererseits auf dem Stalle bei einer Fütterung mit Getreideschrot, Bohnenschrot, gutem Gras- oder Wiesenheu und gutem Hafer- und Weizenstroh. Milchfehler bei der starken Fütterung mit Oelkuchen und Fabrikationsrückständen oder mit grünem Rothklee oder andererseits mit trockenem Rothklee sind eben nicht selten; außerdem kann eine hochfeine Butter bei einer starken Fütterung mit jenen Futterstoffen entschieden nicht producirt werden. Weitere Erörterungen über diesen Gegenstand müssen den Butterfehlern vorbehalten bleiben.

Behandlung.

Im ersteren Falle also Reinlichkeit in der Milchwirthschaft in ihrem ganzen Umfange. Bei großer Hitze u. s. w. baldige Abkühlung der Milch vorerst durch Melken in metallene Gefäße, dann im Kühlapparate bis auf 9—10° C., mindestens auf Kellertemperatur.

In Folge von Verdauungsstörungen u. dgl. wird man eine arzneiliche Behandlung einleiten, wie solche unter „thierärztlicher Behandlung" erörtert ist.

Sollten angedeutete Futterstoffe die normale Beschaffenheit beeinflussen, so wird man jene einschränken oder anderweitig ersetzen.

Sättigung der Säure bis zur schwach alkalischen Reaction mit 2fach kohlensaurem Natron oder basisch salicylsaurem Natron ist gewöhnlich angezeigt, besonders wenn die Milch schon während des Melkens säuerlich erscheint.

6. Die wässerige Milch.

Das Blaumelken.

Eigenschaften.

Die wässerige Milch erscheint zugleich bläulich, sehr dünn, wässerig und scheidet verhältnißmäßig sehr wenig Rahm ab, hat überhaupt so wenig feste Stoffe, daß die Milch in bläulicher Farbe durchschimmert; — nicht selten findet sich nach längerem Stehen ein schmutziger Bodensatz. Der Milchertrag ist ein verhältnißmäßig geringer.*) Der Buttergehalt sinkt bis zu 1,50 und 1,0 pCt. Dieser Fehler scheint übrigens heutigen Tages nur ganz ausnahmsweise vorkommen.

Ursachen.

Die Ursachen sind eigenthümliche Individualitäts- und Organisations-Verhältnisse, wenn nicht Verwahrlosung in der Fütterung stattgefunden hat.

Vor Zeiten, bis etwa zum Jahre 1845, gab es Gegenden, in welchen das „Blaumelken" eben keine seltene Erscheinung war. Die Thiere

---

*) Das Milchweglaufen, das Milchzurückhalten oder Milchaufziehen, das Hartmelken, das Wegspritzen der Milch, das Aussaugen der Milch u. dergl. m., welche Umstände veranlassen, daß man zeitweilig recht wenig Milch gewinnt, haben mit Milchfehlern selbstverständlich nichts gemein, desgl. die Colostrum-Milch mit einem abnormen Gehalt an Mineralstoffen und bis 20 pCt. Eiweiß.

wurden im Frühjahr in wechselnder Zahl, besonders die seiner Zeit besten Milchgeber, wegen Kraftlosigkeit auf der Schleife im Frühjahr zur Weide gebracht, erhielten jedoch zuvor gemeiniglich einen gesalzenen Hering verabreicht.

Glücklicherweise ist seit jener Zeit durch den ruhmvollen Naturforscher Justus von Liebig und dessen zahlreiche Schüler ein großartiger Umschwung auch in der Gesundheitspflege und Viehfütterungslehre angebahnt und haben demnach jene Verhältnisse nur noch ein historisches Interesse.

7. Die dumpfige oder erstickte Milch.

Eigenschaften.

Diese fehlerhafte Milch zeigt einen thierischen mehr und weniger dumpfigen Geruch und entsprechenden Geschmack und säuert leicht in Folge der Wärme und bereits eingeleiteter Zersetzungen. Jene Zersetzungen der Milch können für die Gesundheit sehr gefährlich werden und liegen bereits viele Belege vor, unter anderm wurden im August 1886 zahlreiche Menschen zu Longbranch, im Staate New-York nach dem Genuß derartiger Milch von heftigen Vergiftungs-Symptomen befallen. In jener Milch wurde von den Chemikern des Gesundheitsrathes der Stadt New-York, ein giftiges Alkaloid, Thyrotoxin gefunden, welches auch anderweitig in giftigem Käse, Eis-Crême u. dgl. gefunden worden ist.*)

Ursachen.

Dieser gefährliche Fehler entsteht an heißen Sommertagen, wenn die kuhwarme Milch in verschlossenen Gefäßen größere oder längere Strecken transportirt wird. Jene Milch kommt zweifellos in Sammelmeiereien und in städtischen Haushaltungen vor und wird, wenn auch nur ausnahmsweise, als Kindermilch dienen müssen.

Aus derartiger Milch kann keine „feine Butter" hergestellt werden und erhält man aus derselben stets fehlerhaften Käse.

Behandlung.

Dem Ersticken der Milch wird gründlich vorgebaut, indem man die in metallene Gefäße frisch gemolkene Milch vor dem Transport auf 14—15° C., besser auf 9—10° C. abkühlt, bevor sie in die betreffenden Milchgefäße gegeben wird.

8. Die albuminöse Milch event. der Rahm.

Eigenschaften.

Alle bisherigen chemischen Analysen derartiger fehlerhafter Milch zeigen in der Regel gegen die normale Milch, einen höheren Eiweißgehalt,

---

*) Gegengift für giftige Alkaloide vorläufig starker Kaffee oder starker Thee, besser weingeistige Tanninlösung.

eine mehr und minder stark vertretene schleimige Substanz, die unter dem Namen Albuminode (Laktoproteïn) aufzufassen ist, und einen niedern Gehalt an Käsestoff und phosphorsaurer Kalkerde.

Diese Milch tritt bei normalem Geschmack in zahlreichen Modificationen auf und wechselt ihren Gehalt an Albumin und Albuminoden von 0,60 bis zu 15—16 pCt.*)

Man kann füglich unterscheiden: albuminöse Milch mit 0,6 bis 2—3 pCt. Albumin und Albuminoden u. dgl. Milch mit 3—15 pCt., in folgenden Vorkommen:

a) gewöhnliche abnorme albuminöse Milch, ebenfalls in manchen Krankheiten;
b) albuminöse Milch während der Brünstigkeit;
c) albuminöse Milch zeitweilig im fünften Monat der Trächtigkeit bis zum Versiegen der Milch.

In den höheren Graden des Uebels über 2—3 pCt. Albumin und Albuminode tritt dasselbe auf, als:

d) schleimige Milch und
e) zähe, schlickernde, langwerdende, fadenziehende Milch.

Letztere beiden Milcharten enthalten immer Ammoniakverbindungen und ist die eigenthümliche Beschaffenheit derselben in ihrer Bezeichnung ausgesprochen.

Beim Schütteln der fraglichen Milch bildet dieselbe, je nach dem Gehalt am Eiweiß, einen mehr und minder starken Schaum, der sich nur sehr langsam verliert. Selbst in den niedern Graden dieses Uebels wird dasselbe bei einiger Aufmerksamkeit schon beim Melken daran erkannt, daß der Schaum im Milcheimer mehr und minder großblasig erscheint, wogegen dieselbe bei normaler Milch kleine Bläschen zeigt.

Die „albuminöse Milch" von 1, 2, 3 Kühen ist im Stande, die normale Milch von 10, 20, 30 Kühen und mehr für die Abbutterung der Milch und des Rahms unfähig zu machen und wird dadurch in dem Kleinbetrieb nicht selten eine große Calamität hervorgerufen. In großen Viehbeständen von 60, 80, 100 und mehr Kühen sind in der Regel immer Kühe mit verschieden abnormem Albumingehalt der Milch, allein derselbe in Mischung mit der anderweitigen Milch bewirkt ausnahmsweise wohl eine schwere Abbutterung, jedoch pflegt derselbe in einem derartigen Großbetriebe äußerst selten eine Calamität herbeizuführen; in ca. 40 Jahren

---

*) Chemische Untersuchungen von weil. Gohrbandt, Oberlehrer an der landw. Lehranstalt zu Oersberg, von Dr. Piper und Dr. Fuchs, Vorsteher der Versuchs- und Controle-Station der landw. Lehranstalt zu Kappeln, und dem Verfasser.

sind mir derartige Fälle in jenen Großbetrieben nur ein paarmal vorgekommen.

Alle Modificationen der früher unbekannten „albuminösen Milch“ haben den großen Uebelstand, daß sie eine träge Rahmung und träge Abbutterung zeigen und bei einem gewissen Gehalt von Eiweiß und eiweißartigen Stoffen die Abbutterung der Milch oder des Rahms unmöglich machen, wenn jene Stoffe nicht vorher durch Hitze coagulirt oder zur Gerinnung gebracht wurden. Durch jene Operation wird aber die Butter unhaltbar und immer eine große Einbuße des Butterfettgewinnes herbeigeführt.

Die süßgeltige, kaltgeltige und bittergeltige Milch der Schweizer sind voraussichtlich albuminöse Milchen, wie dieselbe vorstehend und unter der bittern Milch beschrieben sind.

Bei der Käsebereitung aus albuminöser Milch scheinen Uebelstände aufzutreten ähnlich wie bei der geltigen Milch, und zwar wird unter den betreffenden unglücklichen Verhältnissen geklagt bald über zu weichen Käse, bald über Aufblähen der hierorts üblich dargestellten „Lederkäse“ aus der Magermilch. In öffentlicher Anregung des weil. Director Schatzmann in Lausanne sollen meine wenigen in ca. 40 Jahren in jener Beziehung gemachten Erfahrungen beiläufig folgen, da dieselben ein allgemeines Interesse haben dürften und vielleicht einige Fingerzeige gewähren könnten.

Durch süße Magermilch und niedrige Temperaturverhältnisse erlangt man bekanntlich leicht weichen Lederkäse, wogegen Auftreiben und Aufblähen desselben herbeigeführt werden kann durch unzureichende Bearbeitung des Bruches, ungenügende Auspressung der Molken u. s. w. und namentlich durch abnorme oder zu hohe Temperatur im Preßraume und später während des Reifungsprocesses der Käse. Die Kohlensäurebildung der Masse ist unter anderm in zu warmen Käseräumen und später zu rasch und heftig und anstatt, daß nur „Augen“ gebildet werden sollen, erfolgt Auftreiben und Aufblähen der Käse. Welche großartige Massen Käse in solcher Weise verdorben werden, davon erhält man ein Bild in den Kellern der Kräuterkäse-Fabrikanten.

Der Verfasser glaubte deshalb die vielen Klagen auf Nachlässigkeit zurückführen zu müssen und Unaufmerksamkeit im Laben oder auch im Verschneiden des Quarks, Wärmen des Quarks, Gährung, Brechen, Salzen, Pressen, Reifen des Käses, auch wohl auf unzweckmäßige Käsekessel und Pressen oder schließlich die Schuld den Käseräumen zuschreiben zu müssen. Inzwischen wurden viele comparative oder vergleichende chemische Analysen von normaler und albuminöser Milch unternommen und ergaben diese in der albuminösen Milch außer dem bekannten abnormen Gehalt an Eiweiß, ein Mißverhältniß in den phosphorsauren Verbindungen*) zu erkennen. In Folge dessen wurde auf etwa 100 Liter Milch ein Zusatz von frischgefällter basisch phosphorsaurer Kalkerde empfohlen und zwar nach Gutdünken, weil hier kein weiterer Auhaltepunkt vorlag oder sehr schwierig zu erlangen war, — sodann 50 g krystallisirtes phosphorsaures Natron der Droguenhandlungen und diesem entsprechend die Hälfte oder 25 g geglühtes Chlorcalcium, jedes Präparat für sich in warmer Magermilch gelöst und nach einander unter starkem Umrühren jenem Quantum Magermilch zugesetzt. Nachdem wurde weiter wie üblich verfahren. Vorgang: Bildung von Kochsalz und basisch phosphorsaurer Kalkerde, letztere theilweise löslich. Ob die vorgeschriebene sich bildende Menge basisch phosphorsaurer Kalkerde erforderlich ist, bleibt exacten Versuchen vorbehalten. Das Uebel wurde im Verlauf der Zeiten in vielen Wirthschaften, auch wenn man nicht mit albuminöser Milch zu kämpfen hatte, durch die basisch phosphorsaure Kalkerde mit Erfolg beseitigt und in Folge dessen demnächst Knochenmehl den betreffenden Thieren verabreicht.

Es liegen viele verschiedentlich ältere und neuere chemische Analysen von Modificationen der albuminösen Milch vor, aus welchen hervorgeht, daß man eine albuminöse fehlerhafte Milch analysirte, ohne dieselbe als eine solche zu bezeichnen und beschränkt sich der Verfasser darauf, zum Vergleiche mit normaler Milch, eine neuere Analyse einer derartigen Milch von Director Dr. Engling, folgen zu lassen:

Reaction schwach säuerlich, spec. Gew. 1,025.

Butterfett	2,14 pCt.
Kaseïn	1,35 „
Albumin	1,28 „
Albuminode	0,57 „
Milchzucker	3,33 „
Asche oder Mineralstoffe	0,83 „

Ursachen.

Die albuminöse Milch unter a entsteht vorzugsweise durch Leiden des Verdauungs-Drüsen- und Blutgefäß-Systems ohne bemerkbare Krankheits-Symptome, kann aber auch auf eigenthümlichen Individualitäts- und Organisations-Verhältnissen wie unter b und c beruhen. In letzterer Be-

*) In dem neueren sehr empfehlenswerthen Werke von Director p. t. Prof. Dr. Brümmer: Die Zubereitung der Futtermittel der Haussäugethiere, giebt derselbe an, daß das Blähen der Kühe bei der Fütterung mit essigsäurehaltigem Sauerfutter ebenfalls auftritt, indem durch die Essigsäure, im Harn der betreffenden Thiere, auffallend viele phosphorsaure Erden ausgeschieden werden. Auch dort wird das Verfahren einer Fütterung mit Knochenmehl empfohlen.

ziehung giebt es ausnahmsweise Kühe, deren Milch jahraus, jahrein oder niemals ohne großen Zusatz von normaler Milch, eine Abbutterung zuläßt.

Der „langwerdenden" und „schleimigen Milch", welche beide in Consistenz, Geschmack und Geruch mancherlei Abweichungen zeigen, liegen zwei Ursachen zu Grunde, entweder ausnahmsweise physiologische Störungen des thierischen Organismus, oder und vorzugsweise Pilzbildung in der Milch. Die Pilzbildung mit ihren nachtheiligen Wirkungen hängt unter diesen Verhältnissen von gewissen Bedingungen ab und sind diese: andauernd mangelhaft gereinigte Milchgefäße und Localitäten verbunden mit günstiger Temperatur und ein längeres Stehenlassen der Milch zum Abrahmen an jenen inficirten Orten. Dieselbe Zeit, welche unter normalen Verhältnissen eine Schlickermilch herbeigeführt haben würde, liefert dann an deren Stelle eine „schleimige" oder „langwerdende Milch".

Behandlung.

Die Milchfehler unter a, so wie denn alle Milchfehler, deren Ursache auf physiologische Störungen der Systeme der Verdauung, der Drüsen oder des Blutes zurückzuführen sind, bedürfen einer thierärztlichen Behandlung, wie dieselbe an ihrem Orte beschrieben ist.

Die Milchfehler unter b und c beruhen in naturgemäßen Verhältnissen und Vorgängen und werden auf diese mWege selbstständig beseitigt, jedoch ist für das eine und andere Verhältniß zu empfehlen, zeitweilig basisch phosphorsaure Kalkerde zu verabreichen.

Die „langwerdende" und „schleimige Milch" muß je nach der Ursache einer verschiedenen Behandlung unterworfen werden. Liegen ausnahmsweise physiologische Störungen des thierischen Organismus vor, so wird man, wie bereits angedeutet, die betreffenden Kühe mit später in Frage kommenden Arzneimitteln behandeln; war die Ursache Mangel an Reinlichkeit und Pilzbildung, was in der Regel der Fall ist, so wird man für peinliche Reinlichkeit sorgen und um das Uebel rasch zu beseitigen, eine Desinfection vornehmen, wie solche unter der „blauen Milch" angegeben worden ist.

Die Abbutterung des reifen Rahms geschieht als Nothbehelf, am besten durch Gerinnung des Albumins zwischen 70—80° C. und Abkühlung des Rahms auf 15—16° C.

Vor 30—40 Jahren war die schleimige Milch ein recht häufiges Leiden in den kleinen bäuerlichen Wirthschaften und wurde dasselbe immer in Kürze geheilt durch Desinfectionsmittel und bei Wiederholungen durch Strafpredigten und dito Desinfection. Reinlichkeit hat durch die Fernhaltung der Pilze resp. Bakterien die „schleimige Milch“ fast, und die „fadenziehende Milch“ ganz verschwinden lassen.

9. Die alkalische käsige Milch event. der Rahm.

Eigenschaften.

Der alkalische, käsige Rahm, sowie die Milch, von der jener Rahm gewonnen, reagiren ohne sonstige weitere Abnormitäten von vornherein stets alkalisch und färben geröthetes Lackmuspapier blau.

Aus dem gewonnenen Rahm scheidet sich jedoch sehr bald oben ein sehr dicker und unten ein rein molkenartiger, wässeriger Antheil ab. Der obere Antheil zeigt den Käsestoff in Verbindung mit dem Fettgehalte in der feinsten, flockig käsigen Vertheilung. Läßt man den Rahm in der üblichen Temperatur für Buttergewinnung über die sonst gewöhnliche Zeit stehen, so wird er endlich sauer unter übelriechender Zersetzung.

Die Abbutterung geht angesäuert, schwer vor sich, die Ausbeute ist verhältnißmäßig gering und die Butter wird rasch „ölig“.

Das Uebel kommt nur auf der Weide vor.

Ursachen.

Die Ursache des „käsigen Rahms“ liegt anscheinend in Boden- und Pflanzennährstoffverhältnissen. Das Uebel kommt nur in den warmen Sommermonaten auf der Weide vor und niemals auf dem Kleinbesitz, wo im Allgemeinen die Ausfuhr der Mineralstoffe aus der Wirthschaft unter der Einfuhr an Mineralstoffen bleibt und ebenfalls nicht auf kürzlich bemergelten Ländereien, dagegen tritt das Uebel gern in denjenigen größeren und Großwirthschaften auf, in welchen die Ausfuhr der löslichen Mineralstoffe in den letzten 50 bis 100 Jahren die Einfuhr bedeutend überstiegen hat. Diesem nach scheinen die Weidepflanzen unter Erhöhung der Austrocknung des Bodens und Mangel an Aufnahme gewisser erforderlicher Mineralstoffe qualitative und quantitative Veränderungen zu erleiden, wodurch das Verdauungs-, Drüsen- und Blutgefäßsystem der Thiere in Mitleidenschaft geräth und eine Milch erzeugt wird, die, trotz alkalischer Reaction wegen Mangel an basisch phosphorsaurer Kalkerde, den Käsestoff nicht in Lösung zu erhalten vermag.

Diese Ansicht scheint um so mehr Berechtigung zu haben, als das Uebel nach einem anhaltenden Regen und starker Durchnässung des Bodens recht häufig rasch verschwindet, um bei folgender Dürre sich mehr und minder rasch wieder einzustellen.

Behandlung.

Der käsige Rahm wird, wie bereits erörtert, anscheinend herbeigeführt durch Bodenverhältnisse u. s. w. Die Beseitigung des Uebels geschieht ausnahmsweise durch Umweide, sicherer durch vorläufige Stallfütterung, indem man, wie es eben Zeit und Wirthschaftsverhältnisse erlauben, ein Gemengfutter-, Wiesen- oder Grasareal preisgiebt, der Weide aber vor einem Regen eine Düngung von Staßfurther Kalisalz mit Ammoniak-superphoshat giebt und mehrere Wochen zum frischen Pflanzenwuchse Zeit einräumt.

Die tägliche Verabreichung von basisch phosphorsaurer Kalkerde oder Futterknochenmehl und fein gesiebter Holzasche oder roher Pottasche, bis das Uebel gehoben, ist bei den befallenen, meistens großen Viehbeständen an der äußerst schwierigen praktischen Durchführung gescheitert, dürfte übrigens von ähnlich günstigem Erfolge begleitet sein.

10. Die anderweitigen namenlosen Milchfehler.

Eigenschaften.

Auf der Weide, aber auch bei der Stallfütterung, kommen nicht selten Milchfehler vor, die keine oder nur eine schwere Abbutterung der Milch oder des Rahms zulassen. Durch die sinnlichen Wahrnehmungen, so wie durch die chemische Analyse lassen sich in den allermeisten Fällen keine bestimmten Milchfehler und keine wesentlichen Abnormitäten der Milch oder des Rahms feststellen und doch ist eine Abbutterung sehr schwierig und nur unter großen Verlusten ermöglicht. Ueber solche Verhältnisse liegen gewöhnlich nur ungewisse Vermuthungen vor und sind die Ursachen häufig schwer festzustellen.

Ursachen.

Die durch Beobachtungen und Versuche zu guten Resultaten führende Behandlung der namenlosen Milchfehler, führt zu der Voraussetzung, daß die Ursachen im Sommer theils in Witterungsverhältnissen, theils in mangelnden oder nachtheilig wirkenden Futterstoffen, im Winter ausnahmsweise in Temperaturschwankungen oder vorzugsweise in Mißständen der Stallungen, in nachtheilig wirkenden oder proteïnarmen Futterstoffen, endlich in Pilzen und Bakterien begründet sind.

Welchen nachtheiligen Einfluß große Temperaturschwankungen haben können, ist bekannt und bereits angedeutet.

Die Futterstoffe, von denen bestimmt nachgewiesen ist, daß sie, in *verhältnißmäßig großer Menge* von dem Rinde genossen, Milchfehler erzeugen, andererseits Futterstoffe, von welchen wohlbegründete Vermuthungen vorliegen, daß sie fehlerhafte Zustände der Milch bedingen können, sind namentlich: verdorbene Nährstoffe aller Art, ausgetrocknete Weiden mit verdorrten Pflanzen, Ampfer-Arten, Baumlaub, Bitterklee, Bingelkraut-Arten,

Buschwindröschen, Buchweizen-, Distel-Arten, Erbsen-, Wicken- und Gerstenstroh, Carex- und Scirpus-Arten, Duvock-Arten, Esparsette, Erdbeerenkraut, Färberröthe, Fichten- und Tannen-Nadeln, Fettkraut- und Galium-Arten, Hahnenfuß-Arten, Johanniskraut, Küchenschelle, Kastanien, Kartoffelkraut, Lebensbaum, wilde Lauch-Arten, Lupinen, alte Oelkuchen, Ochsenzunge, Perlgras, Rothklee als Hauptfutter, Rüben-Arten, Reinfarrn, Sedum-Arten, Sadebaum, säuerliche Gährungsstoffe, Schlempe, Senf-Arten vor und in der Blüthe, Tabakkraut-Arten, verdorbenes Obst, alte Biertrāber, Vogelknöterich, Wermuth, Wicken-, Erbsen-, Hafer- und Gerstenstroh, Wolfmilchs-Arten, Wiesenheu von versumpften und Moorwiesen, Gras- und Heu von städtischen Rieselwiesen u. dgl. Wiesen, pilzfreies jedoch schlecht geborgenes Heu und Futterstroh und Futterstoffe mit bereits erörterten Pilzen.

Verschiedene Futterstoffe und deren Bestandtheile bewirken eine verschiedene Beschaffenheit der Milchbestandtheile. Diese Beschaffenheit und Verschiedenheit kann sich so wesentlich steigern, daß dieselbe zu einer fehlerhaften Milch führt, ohne daß Pflanzen oder Pflanzenstoffe, die man als schädlich betrachtet, vorhanden zu sein brauchen, und ist in allen Fällen, falls sinnliche Wahrnehmungen die Ursachen des Fehlers nicht festzustellen vermögen, im Verlaufe der Untersuchungen unter anderm auf etwa vorhandene Ansteckungsstoffe: Pilze, Bakterien, das Augenmerk zu richten, weil dieselben sich ganz besonders in mäßigen, schlecht ventilirten Räumlichkeiten gar leicht entwickeln.

Behandlung.

Derartige besonders im Sommer auf der Weide, plötzlich auftretende Calamitäten, namentlich des Nichtabbutternkönnens, wurden in zahlreichen Fällen sehr einfach durch Melken der Kühe in metallene Gefäße, aus Kupfer oder Messing oder am besten verzinntem Eisenblech beseitigt, und dürfte das Melken der Kühe auf der Weide, aber auch im Stalle in metallene Gefäße unter allen Verhältnissen sehr zu empfehlen sein. In allen Ausnahmefällen dieser Verhältnisse, in welchen das Melken in metallene Gefäße seinen Dienst versagte, führte die weiter unten angeführte Milchprobe jedesmal zur Feststellung derjenigen Kühe, welche die fehlerhafte Milch lieferten und wurde dann gesucht die Ursache zu ermitteln, gewöhnlich aber sofort mit dem Verfahren unter „thierärztlicher Behandlung" vorgegangen.

In den Eis- und Wasser-Meiereien behauptet man, daß die oben erörterte Calamität durch die dort stattfindende rasche und hohe Abkühlung und in den Centrifugen-Meiereien durch die des Rahms ebenfalls nicht minder sicher zu jenem günstigen Resultate einer guten Abbutterung führt, und dürfte solchem Glauben beizumessen sein.*)

Ein Beispiel neuern Vorkommens eines namenlosen Milchfehlers, welches die Art und Weise der Untersuchung und Behandlung beleuchtet, dürfte als Anhalt dienen.

Im Jahre 1888 trat unter anderm bei einem Kleinbesitzer mit 4 gesunden, jungen Kühen mit bedeutendem Milchertrag, die im Sommer auf üppiger Kleegrasweide getüdert und deren Milch stets rasch abgebuttert worden, im Herbst eines Tages plötzlich Nichtabbutternkönnen ein. Die Milch der sämmtlichen, gesund erscheinenden Kühe erschien in Farbe, Consistenz, Geruch, Geschmack, Reaction und spec. Gewicht kaum abweichend, mithin durchaus normal und wurde die Milch derselben anstatt in hölzerne Gefäße, sofort in metallene Gefäße gemolken und stark abgekühlt, jedoch ohne Erfolg. Jetzt wurde die später beschriebene Milchprüfung angestellt und nicht allein die betreffende Kuh mit der fehlerhaften Milch sofort gefunden, sondern auch die Ursache bald ermittelt. Jene Kuh hatte wechselnd mehrere Tage lang an einem Wall gestanden und war beschränkt gewesen auf vorzugsweise Geilstellen, welkes Erdbeerenkraut, welke Blätter und Reiser von kürzlich abgehauenen Eichen- und Weidenzweigen.

Nachdem die betreffende Kuh der voraussichtlichen Ursache entzogen, die Milch vorläufig gesondert und zur raschen Beseitigung des Uebels Glaubersatz und Salzsäure verabreicht, war das Uebel am fünften Tage vollständig beseitigt.

Das Verhältniß der fehlerhaften Milch zur normalen Milch der übrigen 3 Kühe betrug ca. 1 : 5.

Sind im Stalle voraussichtlich Pilze u. dgl. die Ursache des Milchfehlers, so wird vorzugsweise eine entsprechend gründliche Desinfection vorzunehmen sein.

Die Prüfung der Milch.

Diejenigen Fehler der Milch, welche anscheinend in physiologischen Störungen des Verdauungs-, Drüsen- und Blutgefäßsystems beruhen, sind

---

*) Wenn in Sammelmeiereien und großen Wirthschaften mit 100—400 und mehr Milchkühen im Allgemeinen weniger oder selten Milchfehler bemerkt werden oder solche nachtheiligen Einfluß auf die verschiedentlichen Operationen nicht ausüben, so liegt solches nach meinen Beobachtungen darin, daß die fehlerhafte Milch bei vielen Kühen in Mischung mit der anderweitigen normalen Milch sich in ihren nachtheiligen Wirkungen verliert und daher nicht, wie bei einer kleinen Heerde, in stürmischer Weise zur Geltung kommt; — die gewonnene Butter bleibt unter jenen Verhältnissen jedoch, hier wie dort, secunda Waare.

unter Vermeidung der Ursachen durch gewisse Arzneimittel zu beseitigen, inzwischen ist es jedoch erforderlich, vorerst die betreffenden Kühe mit der fehlerhaften Milch zu kennen und hat dies anscheinend seine großen Schwierigkeiten, indem jene physiologischen Störungen keine Krankheitssymptome aufweisen, andererseits, wie bereits angedeutet, eine Kuh im Stande ist, die normale Milch von 10—15 Kühen in den eigenen fehlerhaften Zustand zu versetzen. Trotzdem wird die Ermittelung des Rindes mit fehlerhafter Milch eine leichte und läßt der Verfasser dieselbe seit mehr denn 30 Jahren in folgender Weise ausführen:

Arzneigläser, so viele wie Kühe, von 200—250 cm Rauminhalt werden gleich den Kühen von 1 bis 10, 20, 30, oder mit so vielen Nummern bezeichnet, wie Kühe vorhanden sind. Der Rauminhalt des Glases wird bis zu einem Drittel mit der frischgemolkenen Milch der mit gleicher Nummer bezeichneten Kuh gefüllt, bis alle Gläser mit Milch gefüllt sind. Die Gläser werden nunmehr von Gehilfen anhaltend stark geschüttelt und erscheint bei normaler Milch sehr bald eine Abscheidung von Butterkügelchen, wogegen albuminöse Milch viel Schaum bildet und anderweitig fehlerhafte Milch keine oder äußerst langsam eine verhältnißmäßig geringe Abscheidung der Butterkügelchen erscheinen läßt. Diejenigen Kühe, welche letztere fehlerhafte Milch anzeigen, werden der später folgenden thierärztlichen Behandlung unterworfen und ihre Milch wird vorläufig in der Haus- und Küchenwirthschaft verbraucht. Zeitweilige Untersuchung der Milch in den betreffenden Gläsern zeigt den Zeitpunkt an, wann dieselbe wiederum der anderweitig gewonnenen Milch zugesetzt werden darf.

Bei der Untersuchung „gelter", „güster", „fehrer" Kühe oder altmelkender, trächtiger Kühe, wird man in etwa folgender Weise verfahren. Kleine Obertassen oder Häfen werden ähnlich wie in vorstehender Weise beschrieben, bezeichnet, jedoch giebt man in dieselben nur etwa 1 Eßlöffel voll der frischgemolkenen Milch und stellt dieselben unbedeckt an einen passenden Ort. Nach 10—12 Stunden kann man nunmehr durch den Geschmack bestimmt erfahren, von welcher altmelkenden Kuh event. Kühen die „bittere Milch" stammt.

Director Dr. Engling*) hat verdienstvoller Weise gefunden, daß eine normale Milch immer eine bestimmte Menge basischer Kalksalze enthält, welche auf Alizarin-Lösung (1 G.-Thl. Alizarin, 100 G.-Thl. Alkohol) eine charakteristische rosa Farbe zeigen. Fehlerhafte Milch enthält vorherrschend bald alkalische, bald saure Salze und zeigen erstere einen wechselnden von

---

*) Vergl. Dr. v. Klenze, Lehrbuch der Käserei-Technik.

rosa in violett übergehenden Ton, wogegen im letzteren Falle die rothe Alizarin-Lösung in einen rahmähnlichen, schwach gelblichen Ton übergeht. Etwa 10 cm = 2,5—3 g. fehlerhafte Milch in einem Reagensglase, mit einigen Tropfen jener Alizarin-Lösung versetzt, zeigen die Abweichungen von normaler Milch, die man vergleichungsweise benutzen wird.

Liegt voraussichtlich Mangel an basischen Kalkerdesalzen vor, so wird man solche der fehlerhaften Milch vorläufig in angemessenen Mengen, etwa wie solche unter albuminöser Milch angegeben sind, hinzufügen, dann aber Futterknochenmehl mit feingesiebter Holzasche gemischt, wie solches ferner erörtert werden soll, hinfort den Thieren im Futter verabreichen.

Die thierärztliche Behandlung.

Gegen die Milch- und Butterfehler wird noch immer viel Quacksalberei betrieben und ein großer Schatz von Heilmitteln empfohlen, von denen der Verfasser jedoch nur sehr zweifelhafte Resultate gesehen hat; es sind dies unter anderm: Anis-, Coriander-, Dill-, Fenchel-, schwarzer Kümmel- und Wasserfenchel-Samen, Wachholderbeeren, Theriack, Belladonna-, Beinwell-, Diptam-, Nelken-, Pimpinell- und Tormentill-Wurzel, Ysop, Rainfarrn, Schafgarbe, weißer und rother Bolus, Goldschwefel, Schwefel, Schwefelantimon, Schwefelleber u. s. w.

Die thierärztliche Behandlung jener krankhaften Störungen des Organismus, in deren Folge fehlerhafte oder abnorme Milch auftritt und worauf hierorts mehrseitig verwiesen ist, besteht nunmehr darin, vorerst die abnorme Thätigkeit des Verdauungssystems zu beeinflussen. Zu diesem Zwecke wird das gewöhnliche Glaubersalz, etwa zu 1 Pfund oder ½ Pfund unterschwefligsaurem Natron*) pro Kuh, in heißem Wasser gelöst und lauwarm auf einmal verabreicht; hierauf wird gleichzeitig auf das Drüsen- und Blutgefäßsystem gewirkt und zwar durch tägliche Gaben von 10—12 g roher concentrirter Salzsäure mit einer halben Weinbouteille Wasser und etwas Branntwein gemischt. Liegt die Vermuthung nahe, daß starke Störungen in dem Drüsen- und Blutgefäßsystem bestehen, oder Mangel an Mineralstoffen in den Futterstoffen die Milchsecretion in fehlerhafter Weise beeinflussen könnte, so wird Abends die Salzsäure, des Morgens dagegen auf angefeuchtetem Getreideschrot oder Kraft- und Strohhäckselfutter gesiebte reine Holzasche, 3—4 Eßlöffel voll gefällte, basisch-phosphorsaure Kalkerde, 50—60 g Kochsalz und gepulverter Eisenvitriol, von jedem

*) Beim Kalbefieber bietet das in der Menschen- und Thierheilkunde bislang fast unbekannte unterschwefligsaure Natron mit krampfstillenden und belebenden Mitteln (Branntwein) verabreicht, ein vorzügliches, höchst werthvolles Arzneimittel.

20—30 g verabreicht. Binnen wenigen Tagen ist bei dieser Behandlung das Uebel in der Regel beseitigt.

Bevor der Milchfehler beseitigt ist, giebt es täglich fehlerhafte und nicht selten recht viele Milch, die verarbeitet werden muß. Diese Abbutterungen sind indeß träge und sehr schwer, oder auch nach vielstündiger Butterung sehr mangelhaft ausführbar, daher bleibt es sehr erwünscht, erprobte Heilmittel zu kennen, welche von einer mühevollen und zeitraubenden Arbeit entlasten und wenn auch selten eine verkäufliche Waare, so doch eine Butter liefern, die in der eigenen Haus- und Küchenwirthschaft verwerthbar ist. Unter allen bisher empfohlenen Mitteln für diesen Zweck erscheint dem Verfasser seit reichlich 35 Jahren noch immer am besten der gepulverte Alaun und bei dem „albuminösen Rahm", der die Neigung hat, immer aus dem Butterfaß zu treten, starker Branntwein und gepulverter Alaun während der Abbutterung zu dem Rahm gegeben, und zwar je nach der Quantität des Rahms, Branntwein zu ¼ bis 1 Weinflasche voll, gepulverter Alaun von einigen Theelöffeln voll bis zu mehreren Eßlöffeln voll. Auch bei dem „bittern" und „käsigen Rahm" hat der Alaun eine leichtere Abbutterung ermöglichen lassen und eine größere Ausbeute an Butter ergeben, namentlich aber hat der „käsige Rahm" wesentlich günstigere Resultate ergeben, indem man denselben mit Küchenessig anstatt säuerlicher Vollmilch, Magermilch oder Buttermilch schwach ansäuerte, dann in üblicher Temperatur etwa 12—18 Stunden unter öfterem Umrühren in der Rahmtonne stehen ließ und nunmehr während der Abbutterung mit Alaunpulver versetzte.

Uebrigens läßt namentlich „albuminöser Rahm" bei ausnahmsweise hohem Eiweißstoffgehalt, trotz Zusatz von großen Mengen Branntwein und Alaunpulver keine Abbutterung zu und muß in diesem Falle zur Coagulation des Eiweißes geschritten werden. Bei einer Erwärmung des betreffenden Rahms in einem Kessel auf 70—75° C. coagulirt das Eiweiß, werden die Butterkügelchen größtentheils frei und geht nunmehr die Abbutterung abgekühlt auf 15—16° C. leicht vor sich. Je nach der Behandlung ist eine recht gute Butter zu gewinnen.

Anstatt jener Behandlung dürfte hier, wie denn überhaupt für zahlreiche Fälle des wiederholten Nichtabbutternkönnens, bis dahin, wo die Ursache erkannt und das Uebel gehoben ist, das Verfahren mit normalem Rahm für Buttergewinnung, welches in den Grafschaften Devonshire und Cornwallis und für die Petersburger in Finnland ausgeführt wird, vorzugsweise Empfehlung verdienen. Man läßt nämlich in ersteren Bezirken die Milch 24 Stunden lang in metallenen Gefäßen stehen und bringt diese alsdann über ein schwaches Feuer, auf welchem man dieselbe langsam erwärmt. Nachdem die Milch etwa $1^1/_2$ Stunden hindurch über dem Feuer gestanden und fast zum Sieden gekommen ist, schlägt man zeitweilig mit den Knöcheln der Hand an das Gefäß und giebt sehr sorgfältig Acht, wenn das dem Sieden vorangehende Geräusch aufhört; sobald nämlich die ersten Bläschen aufsteigen, muß die Milch sehr schnell vom Feuer entfernt werden. Nach 24stündigem ruhigen Stehen hat sich der Rahm vollständig abgeschieden und ist so dick, daß man denselben mit dem Messer schneiden kann. Enthält die Milch Eiweiß, so ist dieses selbstverständlich coagulirt und kann dasselbe nunmehr kein Hinderniß für eine rasche Abbutterung bilden. Das Geheimniß dieser Bereitung beruht darauf, daß man jenes leichte Blasenwerfen oder Aufwallen der Milch nicht in völliges Kochen übergehen läßt. Der also bereitete Rahm ist in England sehr beliebt und wird zu Backwerk u. dgl. benutzt und mit schweren Süd-Weinen und Zucker gemischt, als sehr beliebtes Getränk verabreicht. Gleichfalls behaupten die Milchwirthschafter der dortigen Gegend, daß gedachte Behandlung der Milch auf Rahm zur Butterbereitung, die vortheilhafteste sei; man erhalte aus solchem Rahm 15—20 pCt. mehr Butter als bei der üblichen Methode und diese Butter, frisch verbraucht, sei, ihres hochfeinen Geschmackes wegen, sehr gesucht.

In letzterer Beziehung verdient bemerkt zu werden, daß der empfohlene frische Verbrauch der Butter von Devonshire, mit Gewißheit voraussetzen läßt, daß die Mehrausbeute an Butter vorzugsweise auf einem hohen Käsestoff- und Wassergehalt beruht und in Folge dessen dieselbe sehr bald in die „ölige Butter" übergeht.

Die sog. Petersburger Tafelbutter wird in folgender Weise hergestellt: nach gewöhnlich 12stündigem Stehen der Milch wird der süße Rahm entfernt und in einem gut verzinnten Gefäße in ein mit heißem Wasser gefülltes Gefäß gestellt, das ganze dann zwischen 70—80° C. erwärmt und etwa gegen $^1/_4$ Stunde in dieser Temperatur erhalten. Hierauf wird der Rahm in kaltem Wasser bis auf 11—12° C. abgekühlt und in üblicher Weise, wie angesäuerter Rahm abgebuttert. Bei diesem Verfahren wird das Albumin des fehlerhaften Rahms ebenfalls coagulirt und eine recht gute Butter erhalten.

Ist die Abrahmung unvollständig, so muß die ganze Milch in den vorstehenden Weisen behandelt werden.

Die wissenschaftlichen Forschungen auf dem Gebiete der Milch- und Meiereiwirthschaft gewinnen in erfreulicher Weise Zunahme, nachdem die Praxis in der Ermittelung des ursprünglichen Zusammenhangs werthvolle Erfahrungen zu verzeichnen hat. Die Praxis ist der Wissenschaft hier, wie denn in der Regel, in der Ermittelung des ursächlichen Zusammenhangs vorausgeeilt, es ist nunmehr die Aufgabe der letzteren, die mannigfachen räthselhaften Verhältnisse genauer zu beobachten und zu untersuchen, die Anwendung der betreffenden Naturgesetze festzustellen um damit gewisse Ziele nicht allein rascher zu erreichen, sondern auch die günstigen Erfolge immer mehr und mehr zu steigern. Leider sehr zu bedauern ist, daß die mittleren Grundbesitzer Deutschlands, — vorzugsweise die Lieferanten der wichtigsten Nahrungsbedürfnisse, im Allgemeinen noch immer nicht die gründliche naturwissenschaftliche Ausbildung für ihre Kinder, trotz der zu Gebote stehenden zahlreichen landwirthschaftlichen Bildungsstätten, hinreichend würdigen und erstreben, denn namentlich die Naturwissenschaften sind die gütigsten Freunde der menschlichen Aufklärung, der sachlichen Zeitbildung, der Betriebsamkeit und Wohlhabenheit, außerdem aber diejenigen, welche den Landwirth in seiner Wirksamkeit von dem dunkeln Zwange gedankenloser Ueberlieferung befreien.

Anhang.

1. Die Euterentzündung und die wichtigsten Bitzen- oder Strichefehler.

Die Euterentzündung kommt beim Rinde als eine oberflächliche Hautentzündung und als eine innere Substanz- oder parenchymatöse Euterentzündung vor. Erstere wird in der Regel von der Natur geheilt oder geht in die parenchymatöse Euterentzündung über. Die letztere wird nicht selten gefahrvoll und bedarf daher der Unterstützung, besonders wenn das ganze oder halbe Euter stark angeschwollen und hart ist, wenn alle oder auch nur die Striche des halben Euters angeschwollen und gespannt sind, steif stehen und die Oberfläche der Haut spröde, trocken, rissig und schrundig oder oberflächlich nässend und geschwürig ist. In diesem Zustande sind die betreffenden Thiere gleichzeitig ernstlich erkrankt und läßt die Anschwellung, die Spannung und der Schmerz nicht binnen 3 bis 4, spätestens 5 Tagen nach, wird das ganze Euter nicht beweglicher und weniger warm, wenn auch härtlich, so ist dem Eintritt der Eiterung nicht mehr vorzubeugen und beginnt damit nicht selten eine langwierige Behandlung und in Folge der Eiterung allmäliges Eintreten eines Lungenleidens.

Mit jedem Euterleiden event. Euterentzündung sind Milchfehler verbunden.

Die Ursachen der Euterentzündung sind durch die Milchabsonderung begründet und werden unterstützt durch gewisse Witterungs- und Körperbeschaffenheiten, durch äußere Schädlichkeiten und Vernachlässigungen.

Die Behandlung bietet manche Schwierigkeiten dar, besonders bei kitzlichen Stuten, da das Euter eine Lage hat, wo immer schwer die erforderlichen Mittel anzubringen und in der Lage zu erhalten sind.

Zwei wichtige Bedingungen sind bei allen parenchymatösen Euter-Behandlungen strenge zu beobachten:

1. fleißiges und möglichst vollständiges Ausmelken der Milch und
2. darf niemals Kälte oder kaltes Wasser in Anwendung gebracht werden, sondern nur Wärme. Weder die oberflächlichen noch die parenchymatösen Euterentzündungen vertragen Kälte.

Sub 1 ist das souverainste Mittel in Verbindung mit zeitweiliger Bewegung, alle Entzündungserscheinungen zu mildern oder zu vermindern, letzteres, die Entzündung gewöhnlich zu einem glücklichen Ausgange zu führen.

Alsdann ist innerlich für die Milch-Absonderung durch beschränkende und beruhigende Arzneimittel zu sorgen und bewährt sich hier ganz besonders: für Rinder etwa 1 Pfund Glaubersalz in heißem Wasser gelöst, gemischt mit etwa 4—5 g Campher in Branntwein gelöst und auf einmal verabreicht.

Die Fütterung muß sich auf Wiesenheu und Getreidestroh beschränken.

Aeußerlich lasse man das Euter, nicht die Striche, mit gelber Schmierseife gut einschmieren und hierauf nehme man ein 4seitiges Stück Sackleinwand in der Größe einer kleineren Serviette oder der Fläche des Euters entsprechend, lasse an jede Ecke einen Strick und auf die Fläche mehrere dicke Bahnen Baumwollen-Watte nähen; diese Bandage taucht man dann in recht warmes Wasser, legt dieselbe um das Euter und befestigt dieselbe vermittelst jener Stricke über kreuz auf dem Rücken des betreffenden Thieres.

Die Bandage wird alle paar Stunden mit recht warmem Wasser vollständig getränkt und während des Melkens, welches alle 2, bis spätestens 3 Stunden geschehen muß, kann dieselbe, ohne abgenommen zu werden, etwas gelüftet und herunter, oder besser nach der entgegengesetzten Seite geschoben werden, so daß immer 2 Striche frei vorliegen.

Am zweiten oder dritten Tage pflegt in der Regel das Uebel gehoben zu sein oder doch die günstige Wirkung der Vertheilung und Nachlaß aller Entzündungserscheinungen eingetreten zu sein.

Nach Abnehmen der Bandage muß Trockenreiben erfolgen und das Thier mehrere Tage lang unter einer dünnen Decke stehen, um Erkältung zu vermeiden.

Die Striche unterliegen mannigfachen Uebeln und verdienen insofern besondere Beachtung, weil dieselben nicht allein zu Euterentzündungen führen können, sondern auch häufig die Milchgewinnung wesentlich schädigen; es gehören dahin unter anderm ganz besonders: zu enge Strichöffnungen, Milch- oder Strichkanalknoten, polypenartige Körper, strangartige Verdickungen und Verwachsungen.

Diese Vorkommnisse können theils geheilt, theils gebessert werden, wenn man täglich Morgens und Abends eine dicke Darmsaite (Baß-Saite) von der Länge des Striches, nach außen mit einem Knoten versehen, in den betreffenden zu engen Kanal schiebt und solches wochenlang fortsetzt. Ist der Strich nahezu verwachsen oder verstopft, so öffnet man denselben mit einem der Strichöffnung entsprechenden, dicken Kupfer-, Messing- oder Eisendraht, den man an einem Ende zuspitzt, wobei man die Vorsicht anwendet, daß der Draht nicht weiter reicht als der Strich lang ist und man während der Operation den Strich mit der Hand umfaßt. Nach dem Durchstrich schiebt man in einen derartigen Strich eine Darmsaite die man in eine Carbolsäure-Mischung (krystallisirte Carbolsäure 2—3 g, Glycerin 100 g) getaucht hat, um die Verwundung in wenigen Tagen zu heilen, worauf die Verwendung einer gewöhnlichen Darmsaite erfolgen kann. Die Darmsaiten gewaschen und getrocknet sind öfter zu benutzen.

Geschwürige Ausschläge und Sprödigkeit der Haut der Striche, Insectenstiche und anderweitige Verwundungen heilen in der Regel rasch, wenn man die Striche, in letzterem Falle auch das Euter, mit der gedachten Carbolsäure-Mischung Morgens und Abends nach dem Melken bestreicht. Hat man mit einer Fliegen-Zeit zu thun, so nimmt man vortheilhaft anstatt Glycerin, Aloë- und Myrrhen-Tinctur, von jeder 50 g.

Warzen an den Strichen, die recht häufig das Melken stark beeinträchtigen, bindet man leicht mit dem dünnen, geschmeidigen, zum Einbinden der Strohdächer dienenden Zinkdraht, ab. Die Wunde bestreicht man mit der Carbolsäure-Mischung.

Ueber zu weite Strichöffnung, wie sie oft bei älteren, besonders guten Milchkühen vorkommt, schiebt man einen Kautschukring oder ein zusammengenähtes, elastisches Band, und wird durch solches, längere Zeit fortgesetztes Verfahren nicht selten der Schließmuskel vollständig gekräftigt.

Das Alkoloid Cocain, betäubt vorzugsweise die Empfindungsnerven und hat daher die Verwendung desselben in der Heilkunde große Verbreitung gefunden, Bei Euter- und Stricheleiden kommt es nicht selten vor, daß die betreffenden Kühe nur unter den größten Beschwerlichkeiten rein ausgemolken werden können. Um den Schmerz während des Melkens aufzuheben, bewährt sich unter jenen Umständen, einige Minuten vor dem

Melken, eine Einreibung der betreffenden leidenden Theile mit einer Mischung, bestehend aus Cocain und wie anderweitig angegeben, mit Kalkwasser und ranzigfreiem Oel. Der Verfasser empfiehlt die Verhältnisse von 0,50 g Cocain, 30 g Weingeist und 100 g dickes Glycerin.

Die Mischung erhält sich Jahrelang unverändert, ist jedoch zeitig theuer.

Vergl. Director Dr. J. Brümmer, Beilage der Schleswiger Nachrichten: Wochenblatt für Land- und Hauswirthschaft 1887, Nr. 9, und das Melken und dessen Bedeutung für die Ausbildung und Thätigkeit der Milchdrüse. Verlag von Heinsius-Bremen.

2. Das Euter und die Milch tuberkulöser Kühe.

Die agllemein verbreitete Tuberkulose des Rindes (Perlsucht, Franzosenkrankheit u. dgl. m.) ist eine bislang unheilbare, sehr gefürchtete Krankheit, insofern dieselbe durch die Milch auf den Menschen übertragen werden kann.

Die zuverlässige Erkennung der Krankheit ist äußerst schwierig, weil dieselbe mit mehreren Krankheiten ähnliche Symptome zeigt, nur das Euter kann zeitweilig zuverlässigen Aufschluß geben. Leider kommt die Eutertuberkulose verhältnißmäßig selten vor, denn unter andern wurden in dem öffentlichen Schlachthause zu Kiel unter 510 tuberkulosen Kühen und Stärken vom 1. April 1888 bis ulto März 1889 nur 17 Euter tuberkulos befunden.

Die Milch ist bereits mikroskopisch gründlich untersucht, weniger genau unterrichtet ist man von den abnormen chemischen Bestandtheilen derselben und von den anatomischen Modificationen des Paremchyms des Euters.

Eine derartige Milch enthält außer den mikroskopischen Lebewesen gleichzeitig bald weniger, bald mehr Eiweiß und liefert demnach wie alle albuminösen Milchen beim Melken einen mehr und minder großperligen Schaum, wogegen normale Milch nur einen kleinperligen Schaum bildet; — ein werthvolles Merkmal.

Eine kurze, vortreffliche Beschreibung über Eutertuberkulose und die Milch von tuberkulösen Kühen 2c. hat die „Allgemeine Medicinische Central-Zeitung", Jahrgang 1887, geliefert, weshalb wir jene Abhandlung unverkürzt folgen lassen.

Die Eutertuberkulose kommt bei Kühen viel häufiger vor, als man annimmt; die Erkennung derselben ist leicht und stützt sich auf folgende Erscheinungen.

Ohne bemerkbare Störung des Allgemeinleidens stellt sich eine schmerzliche und derbe Schwellung eines, selten zweier Euterviertel ein, wobei das stark vergrößerte Euter im Anfange noch eine scheinbar gesunde Milch liefert. Hierdurch ist die Erkennung der Krankheit gesichert, da bei andern entzündlichen Euterkrankheiten neben großer Schmerzhaftigkeit ein hochgradiges fieberhaftes Allgemeinleiden vorhanden ist, gar keine Milch oder nur ein dünnes, nicht selten übelriechendes, später eiterartiges Produkt abgesondert wird. Bei Eutertuberkulose nehmen Größe und Härte mehr und mehr zu, die Milch behält trotzdem noch einen Monat hindurch ihre milchähnliche Beschaffenheit bei. Erst nach dieser Zeit wird dieselbe flockig, dann gelblich, aber niemals eiterartig. Die Milch enthält aber schon zu dieser Zeit eine Menge Tuberkel-Bacillen (oft 200 in einem Gesichtsfelde). Aber nicht nur die Milch des kranken Viertels, sondern auch die der noch scheinbar ganz gesunden Theile zeigten sich bei Impfversuchen ansteckend.

Fütterungsversuche mit der Milch zweier an Euter-Tuberkulose leidenden Rinder wiesen beim Schlachten der Versuchsthiere Tuberkulose nach. Ausschleuderungs- (Centrifugations-) Versuche ergaben, daß mit dem Schmutz auch der größte Theil der Bacillen entfernt wird, doch genügt das Centrifugiren nicht, die Milch völlig von den Bacillen zu befreien. Nur die Erwärmung auf 70° R. vernichtete letztere vollständig.

Die Untersuchung der Milch einer an Euter-Tuberkulose leidenden Kuh ergab eine erhebliche Abnahme von Milchzucker, dagegen Zunahme an Eiweiß, Abnahme ferner an Kalkerde und Phosphorsäure und Steigerung des Natrons auf das Dreifache.

Die Gefahr der Uebertragung der Tuberkulose auf Menschen ist nach vorstehendem nur beim Genuß gekochter Milch ausgeschlossen.

Die Butterfehler.

Alle Butterfehler sind zurückzuführen auf

1. mangelhafte Behandlung bald der Milch, bald des Rahms, der Ansäuerung u. s. w., der Butterung, des Knetens, der Verpackung u. s. w., und in
2. die, bald durch Futterstoffe, bald durch niedere organische Lebewesen, bald durch eigenthümliche Individualitäts- und Organisations-Verhältnisse u. s. w. veranlaßten Fehler der Milch eventuell des Rahms.

Die Fehler der Butter sind im Handel von Feinschmeckern und Sachverständigen seit einer langen Reihe von Jahren mit verschiedenen größtentheils nach dem Geschmack, dem Geruch, der Consistenz u. s. w. recht bezeichnenden Namen benannt; diese Bezeichnungen sind jedoch nicht strenge zu nehmen, indem eine Modification häufig nach und nach oder auch rasch in eine andere übergeht, außerdem der Geschmack und Geruch individuell, d. h. verschieden sein ist, so daß z. B. eine Butter, die der eine Sachverständige für stark „ölig“ erklärt, von einem zweiten schwach oder sehr schwach „fischig“ und von einem dritten schwach oder sehr schwach „thranig“ bezeichnet wird.

Jene wichtigsten und häufigsten Fehler der Butter werden außer den verschiedenen Superlativen bezeichnet:

1. die ölige,
2. die fischige,
3. die thranige,
4. die höchst ranzige oder total verdorbene,
5. die staffige,
6. die fettige oder talgige,
7. die speckige,
8. die trockene, magere oder lose,
9. die schmierige,
10. die bittere,
11. die saure,
12. die Altmilchs-,
13. die käsige,
14. die krümelige,
15. die streifige oder flammige,
16. die dumpfige oder mulstrige und
17. die schimmlige Butter,

18. die Butter mit Stallgeschmack und

19. die Butter mit Futtergeschmack.

In den Jahren 1842—1844 wurden dem Verfasser von der Butterfirma Ballheimer & Co. in Hamburg recht viele Proben theils hochfeiner, theils fehlerhafter Buttersorten übergeben und von demselben in den Laboratorien von weil. Conferenzrath Prof. Dr. Pfaff in Kiel und Prof. Dr. Wöhler in Göttingen theilweise qualitativ, theilweise qualitativ und quantitativ analysirt.

Die hochfeine Butter von Schleswig-Holsteinischen Gütern ergab mit Hinweglassung aller subtilen Brüche im Mittel:

Glycerin- oder Glycerinoxyd . . .	6,5 pCt.
Margarin- oder Palmitinsäure . . .	40,5 „
Oleïn- oder Elaïnsäure	33,0 „
Käsestoff und Milchzucker	0,5 pCt.
Milchsäure	Spuren
Kochsalz	3,0 pCt.
Wasser	15,0 „

Außerdem wurden gefunden flüchtige an Glycerin gebundene Säuren im Mittel: 1,5 pCt. und zwar: Buttersäure und Capronsäure, in gepaarter Verbindung Vaccinsäure, ferner Capryl- und Caprinsäure und Spuren eines eigenthümlichen jedoch häufig wechselnden Aromas nebst Farbstoff. In fehlerhaften Buttersorten wurden jene chemischen Bestandtheile in sehr verschiedenen Mengen gefunden, außerdem in ranziger, namentlich in höchst ranziger Butter außer jenen flüchtigen Säuren: Baldriansäure, Essigsäure, Ameisensäure und Milchsäure in höheren Mengen. Die Vermuthung liegt nahe, daß in der total verdorbenen Butter die sehr schwachen organischen Basen Leucin und Tyrosin, sowie Schwefel- und Phosphor-Wasserstoff in Spuren vorhanden sein werden.

Eine sorgfältig behandelte Butter enthält reichlich 80 pCt. Butterfett; eine sorglos behandelte Butter enthält nur ungefähr 70 pCt. reines Butterfett, da dieselbe sehr wohl 25 pCt. Wasser halten kann, ohne daß die Butter dem Ansehen und der Consistenz nach, wohl aber der Consument, geschädigt wird.

Zum richtigen Verständniß des Ueberganges der ursprünglichen Butterkügelchen in der Milch in fehlerhafte Zustände und namentlich in den höchst ranzigen Zustand, dem jede gute Butter, ohne Ausnahme, je nach der Behandlung und dem Alter, nach kürzerer oder längerer Zeit unterworfen ist, bedarf es einer näheren Beleuchtung der einzelnen chemischen Bestandtheile, sowohl der guten als der fehlerhaften Butter.

Es sind inzwischen viele neuere chemisch-analytische Untersuchungen über Fette, speciell Butter angestellt und viele neuere Körper gefunden, sodaß man gegenwärtig 9—10 Butterfette kennt, jedoch dürfte nachstehende Darstellung der Praxis genügen.

Die Butter ist zu betrachten als ein fettsaures Glycerinoxyd, oder als ein palmitin- und oleïnsaures Glyceryloxyd, das Glycerin oder Glyceryloxyd selbst ist eine schwache Base und eine farblose syrupdicke Flüssigkeit von zuckersüßem Geschmack. Unter gewissen Verhältnissen, unter anderm Zutritt der Luft zu Fetten, ist das Glycerin fähig, sich in Buttersäure umzusetzen.

Die Palmitinsäure bildet eine weiße, schuppig krystallinische, geruchlose Masse von rein fettigem, indifferentem Geschmack.

Die Oleïnsäure bildet eine geruchlose, farblose, ölige Flüssigkeit, welche schwach säuerlich reagirt und unter Zutritt des Sauerstoffes der atmosphärischen Luft einen ranzigen Geschmack und Geruch, eine gelbliche Färbung und eine schmierige Consistenz annimmt. Die Wärme unterstützt diesen Proceß.

Der als krümelige Masse bekannte Käsestoff (Quark) befindet sich in der normalen Milch in einem gallertartigen oder aufgequollenen gleichmäßig vertheilten Zustande; durch Säuren, unter anderm der freien Milchsäure der Milch, wird derselbe flockig gefüllt.

Bei einer schnellen Gerinnung oder Abscheidung des Käsestoffes in der Milch, werden die Butterkügelchen von dem Caseïn fest eingeschlossen und giebt eine derartige Milch oder ein derartiger Rahm stets eine stark caseïnhaltige und in der Regel „trockene, magere Butter", die sehr bald zur „öligen" u. s. w. Butter führt. Eine zu warme Abbutterung kann denselben Fehler herbeiführen. Der Käsestoffgehalt in der Milch wechselt zwischen 3 bis 7 pCt., im Mittel wird 4 pCt. angenommen. Der Käsestoffgehalt in der Butter ist bei der sorgfältigsten Behandlung derselben noch immer gegen 0,3 pCt., kann aber bei sorglos behandelter Milch, des Rahms und der Butter 3 pCt. und mehr betragen. Das Caseïn oder der Käsestoff enthält als reicher Proteïnstoff Schwefel und Phosphor.

Der Milchzucker ist ein fade süßlich schmeckender Zucker, der in weißen, harten Krystallmassen aus den Molken gewonnen wird. Der Gehalt des Milchzuckers in normaler Milch beträgt im Mittel 4 pCt. und löst sich derselbe in sechs Gewichtstheilen kalten Wassers. Unter Einfluß des Käsestoffs oder umgekehrt, des Milchzuckers, wird Milchsäure gebildet und wird diese Bildung durch Wärme beschleunigt. Diesen Proceß kann man bekanntlich in der Milch sehr leicht verfolgen. Der Sauerstoff, der Käsestoff und der Milchzucker sind die ärgsten Feinde der Butter, letztere beiden können jedoch leider, wie schon erwähnt, nur bis annähernd auf 0,3 pCt. daraus entfernt werden.

Die Buttersäure ist farblos, flüchtig, von saurem, schwach ranzigem Geruch und saurem, brennendem Geschmack. Die Buttersäure ist in der frischen Butter im gebundenen, in der ranzigen Butter im freien Zustande enthalten. Mit Alkalien und alkalischen Erden: Kali, Natron, Kalkerde u. s. w. bildet die Buttersäure, ähnlich wie mit dem organischen Glyceryloxyd, geruchlose, fettige Salze. An der chemischen Entmischung der Butter nimmt die Buttersäure neben den übrigen flüchtigen Buttersäuren und der Oleïnsäure den vorzugsweise schädigenden Antheil.

Die Capronsäure hat einen säuerlich bittern, im Schlunde stark kratzenden Geschmack und fischartigen Geruch.

Die Capryl- und Caprinsäure hat einen ähnlichen Geschmack und Geruch, jedoch erinnert letzterer mehr an Thran.

Je nach dem verdünnteren oder concentrirteren Zustande der vier flüchtigen Buttersäuren bekundet sich der schwächere oder stärkere charakteristische Geschmack und Geruch. Die vier flüchtigen Buttersäuren sind in ihrer chemischen Zusammensetzung sehr nahe mit einander verwandt und unterscheiden sich in jener Beziehung nur durch ihren Kohlenwasserstoffgehalt in wenigen Aequivalenten.

Die Baldriansäure ist eine starke, organische Säure von starkem, käseartigem Geruch, der sowohl an Katzenurin wie Fußschweiß erinnert.

Die Essigsäure ist eine bekannte Säure.

Die Ameisensäure ist eine stark sauerriechende, organische Säure, die auf die Schleimhaut gebracht blasenziehend wirkt.

Die Milchsäure ist eine nicht flüchtige, farblose, geruchlose, syrupdicke Flüssigkeit, deren äußerst saurer Geschmack an saure Milch erinnert.

Man ersieht aus der Beschreibung der vorstehenden, mannigfaltigen Stoffe der fehlerlosen und fehlerhaften Butter und den Eigenschaften jener Stoffe, daß die Butter eine äußerst complicirte Mischung und ihre Empfindlichkeit gegen äußere Einflüsse, namentlich den Sauerstoff der atmosphärischen Luft, wohlbegründet ist. Der Sauerstoff der Luft in unverwehrter Einwirkung kann schon allein trotz jeder anderweitigen, vorsichtigen Behandlung, die Verderbniß oder schließlich die höchste Ranzigkeit der Butter herbeiführen, und ist somit die Abschließung desselben nach baldiger Herstellung der fertigen Butter eine wichtige Bedingung.

So lange die im Allgemeinen höchst übel schmeckenden und riechenden flüchtigen Säuren der Butter neben Oleïnsäure an Glyceryloxyd chemisch gebunden sind, bilden sie völlig geruchlose und indifferente, fettig schmeckende Salze oder Verbindungen; das Freiwerden oder die Entfesselung wird aber vorzugsweise eingeleitet durch die Einwirkung des Sauerstoffes auf die bereits erörterten beiden Stoffe: Käsestoff und Milchzucker, und wird dieser Proceß beschleunigt durch Wärme.

Dem Verderben der Butter liegen rein chemische Vorgänge zu Grunde und pflegt der Proceß der Zersetzung oder Entmischung der Butter nach des Verfassers Beobachtungen in der Regel in folgender Weise nach und nach zu erfolgen:

1. Oelige Butter,

matt oder schwach ranzig.

2. Fischige Butter,

bitter, ranzig.

3. Thranige Butter,

streng ranzig, und

4. Höchst ranzige Butter,

übelriechend, mit widerlich bitterm, säuerlichem, im Schlunde unerträglich stark kratzendem und ätzendem Geschmack, der sich erst nach langer Zeit verliert, wenn man nicht inzwischen weiches, lockeres Weißbrod genießt, um sich des Butterfettes von der Schleimhaut zu entledigen. Die Consistenz ist eine „schmierige".

Bei sub 1 sind also gewisse Antheile Milchsäure und Buttersäure gebildet;

bei sub 2 größere Antheile Milchsäure und Buttersäure mit gewissen Antheilen Capron- und Oleïnsäure;

bei sub 3 Hinzutritt von Capryl- und Caprinsäure;

bei sub 4 endlich Entfesselung von bedeutenden Mengen der 4 flüchtigen Buttersäuren und der Oleïnsäure mit den Neubildungen von Baldriansäure, Essigsäure, Ameisensäure u. s. w.

Wenn auch eine solche Unregelmäßigkeit nicht strenge stattfinden wird, so dürfte der ganze Proceß der Verderbniß der Butter doch in annähernder Weise vor sich gehen.

Bei sorgloser Behandlung der Butter nebst ungenügendem Luftabschluß kann ein öliger oder ranziger Zustand schon binnen wenigen Tagen und ein total verdorbener Zustand schon binnen wenigen Wochen eintreten. Sowohl Sommer- wie Winter-Butter der Detailhändler liefern hierzu recht häufig den sichersten Beleg, gleichzeitig aber auch den Fingerzeig, daß in sorglos behandelter Butter jene chemischen Processe äußerst rasch verlaufen können.

Die allgemein bekannte, im Handel am häufigsten vorkommende, schwach oder matt ranzig schmeckende „ölige Butter"*) und deren nach

*) Ueber die „ölige Butter" und das „Oeligwerden der Butter" existiren auffälliger Weise recht irrige Ansichten.

und nach entstehende höhere Ranzigkeitsstufen, entwickelt sich, wie bereits erörtert, durch gegenseitige Einwirkung des Käsestoffes und Milchzuckers, rascher durch längeren Zutritt des Sauerstoffes der atmosphärischen Luft; dieser Vorgang wird beschleunigt durch verschiedene fehlerhafte Behandlungsweisen, wohin unter anderm vorzugsweise gehört: Das Stehenlassen der gewonnenen Butter 12—24 Stunden lang und länger, bevor sie fertiggestellt und der Luft und dem Lichte entzogen, oder in Gebinde gebracht wird. Man läßt recht vielfältig, namentlich die im Spätherbst, Winter und Frühjahr, je nach der Temperatur mehr und minder harte Butter, nachdem dieselbe oberflächlich geknetet, in einem erwärmten Locale stehen, um dieselbe für eine leichtere Behandlung weicher zu gestalten und je nach Bequemlichkeit oder günstiger Zeit, nach üblicher Sitte u. dgl. m. gelegentlich weiter zu behandeln. Unzweifelhaft ist jene Behandlungsweise, welche von dem Verfasser seit etwa 40 Jahren sehr genau verfolgt worden ist, eine häufige Ursache der Beschleunigung des Ueberganges in die „ölige Butter". Eine derartige Butter muß entgegen jenem Verfahren sofort mit mäßig erwärmtem Wasser zwischen 20—30° C. behandelt und dann rasch abgekühlt, recht bald in die dazu bestimmten Gefäße und Gebinde gebracht werden, dann wird dem Uebel, wie des Verfassers Rathsertheilungen gelehrt haben, in der günstigsten Weise vorgebaut. Dieser Fehler kann übrigens durch jede fehlerhafte Behandlung der Milch, des Rahms und der Butter gar leicht vorzeitig herbeigeführt werden, und wird derselbe als Anfangsstufe der Ranzigkeit der Butter, im weiteren Verlaufe dieser Mittheilungen, noch öfter in Frage kommen.

Die ferneren fehlerhaften Buttersorten sub 5—19, welche ebenfalls bestimmte Fehler aufweisen, jedoch in der Mehrzahl sehr bald, oder doch auf dem Wege sich befinden, die verschiedenen Stufen der Ranzigkeit zu durchlaufen, sind:

5. Die staffige Butter.

Die staffige Butter schmeckt nach dem Holze des Gebindes, bisweilen auch schwach gerbstoffhaltig und zwar je nach dem Alter, in einer Entfernung von dem Rande des Gebindes zu $^1/_{10}$, $^2/_{10}$, $^3/_{10}$ u. s. w.; diese Butter ist der Regel nach auf dem besten Wege zur „öligen Butter" oder bereits „ölige Butter", die dann sehr rasch in die „fischige" und „thranige Butter" übergeht. Die Ursache dieses Fehlers liegt vorzugsweise in dem schlecht ausgewässerten frischen Holze des Gebindes, theils darin, daß das hölzerne Gebinde nicht lange genug oder auch wohl gar nicht mit starker Kochsalzlösung gestanden hat, endlich daß die Butter mäßig verpackt und verschlossen war.

6. Die fettige oder talgige Butter.

Die „talgige Butter“ hat das Ansehen, die Consistenz und den Geschmack, der an Hammeltalg erinnert; — es liegen derselben mehrere Ursachen zu Grunde:

1. manche Weiden und Wiesen namentlich in trockener Jahreszeit, liefern im Sommer, andererseits das gewonnene Wiesenheu im Winter, eine „talgige Butter“.

   Auf derartigen Weiden und Wiesen pflegen Futterkräuter, die im mäßigen Rufe stehen, zu wachsen.

2. Starke Fütterung mit gewissen Oelkuchen, unter anderm die festes Fett und weniger phosphorsaure Erden enthalten, haben gerne talgige oder im Winterhalbjahr gleichzeitig harte krümelige Butter im Gefolge, dgl.

3. Ueberbutterung, andererseits mäßige Bearbeitung oder zu lange Behandlung event. Knetung der Butter.

4. Altmilchende Kühe liefern nicht selten talgige Butter, namentlich wenn solche Butter zu lange behandelt und lange der Luft und dem Lichte ausgesetzt worden ist.

   Auch in den anderweitigen Fällen mögen letztere Verhältnisse nicht ohne Einfluß sein. Endlich

5. vermag ein gewisser Käsestoffgehalt der Butter während einer nicht näher zu bestimmenden Zeitdauer anscheinend eine „talgige Butter“ zu liefern und möchte dafür das häufige Vorkommen jener Butter ohne Vorhandensein der vorhergehenden 4 Ursachen sprechen um so mehr, als bei der „Dauerbutter“ aus süßem Rahm dargestellt, welche keine oder nur höchstens Spuren von Käsestoff enthält, ein „Talgigwerden“ der Butter unbekannt ist. Dem Talgigwerden des weichen Leichenfettes wird im Verlauf der Zeit ein ähnlicher Vorgang zugeschrieben: innige Einwirkung stickstoffhaltiger Körper auf Fette unter sorgfältigem Abschluß der atmosphärischen Luft.

   Theilweise aus obigem Grunde, d. h. wegen der Sicherung gegen diesen Fehler, wird in Dänemark der Butter aus süßem Rahm der Vorzug zum Export für lange Seereisen und nach den ostasiatischen Ländern eingeräumt.

7. Die speckige Butter.

Die „speckige Butter“ steht in verwandtschaftlichen Beziehungen zu der „talgigen Butter“ und wird deshalb auch wohl „schwach talgige Butter“ genannt, sie erinnert jedoch mehr an festen Speck, und ist das Aroma gewöhnlich ein schwaches. Vor etwa 30—40 Jahren kannte man, so weit der Verfasser erinnert, diesen Fehler — die speckige Butter — nicht und glaubt derselbe gefunden zu haben, daß ähnlich wie unter gewissen Verhältnissen bei der talgigen Butter, starke Oelkuchenfütterung, zu lange Behandlung mit Kochsalz und damit gleichzeitig zu lange Aussetzung derselben der Luft und dem Lichte, diesen Fehler herbeiführen. Längere Aufbewahrung der betreffenden Butter läßt übrigens diesen Fehler erst unzweifelhaft erkennen.

8. Die trockene, magere oder lose Butter.

Wenn gewisse Weiden „talgige Butter" liefern, so kommt der ganz ähnliche Fall, wenngleich selten, mit der „trockenen Butter" vor. Gewöhnlich ist die Veranlassung zu diesem Fehler, daß man die Milch zu lange bis zur Abrahmung stehen ließ, oder den Rahm zu stark säuerte, überhaupt in der Säuerung Fehler beging, wodurch die Butterkügelchen zu stark von Käsestoff umhüllt oder eingeschlossen wurden. Eine solche Butter ist namentlich im Winter mehr und minder hart und nicht selten krümelig, enthält viel Käsestoff und viel Wasser, weshalb dieselbe nicht haltbar ist, sondern den „öligen", „fischigen" und „thranigen Zustand" bald durchläuft.

9. Die schmierige Butter.

Die schmierige Butter, bezeichnet durch ihren Namen, kommt mit ihren Uebergängen vor:

a) bei der Abbutterung in zu hoher Temperatur namentlich im Sommer, wenn nicht reichlich Eis- oder Eis-Wasser zu Gebote steht und die Abbutterung nicht morgens früh, — 3—4 Uhr vorgenommen wird;
b) bei Zusatz von heißem Wasser während der Abbutterung;
c) bei zu langer Butterung und Ueberarbeitung;
d) bei Trockenbehandlung mit Kochsalz und Ueberarbeitung;
e) bei Weidegang auf entkräfteten Weiden und Wiesen, die im Winterhalbjahr mit Mistjauche gedüngt worden und voraussichtlich Mangel an phosphorsauren Alkalien und Erden leiden; — Phosphate sind anscheinend in derartigen Futterstoffen in gewissen Verhältnissen erforderlich zur normalen Erhöhung des Schmelzpunktes des Butterfettes.

Der Schmelzpunkt einer normalen kernigen Butterconsistenz liegt bekanntlich gegen 35 und reichlich 40° C.

10. Die bittere Butter.

Die bittere Butter hat in der Handelswelt verschiedene Bezeichnungen, je nachdem sie mehr und minder bittere Eigenschaften besitzt und nach und nach in den bitterranzigen u. s. w. Zustand übergeht; diese sind unter andern: matt, geil, schwach bitter, stark bitter, ungenießbar bitter, fischig, thranig u. dgl. m.

Die bittere Butter wird herbeigeführt durch:

1. die bei der bittern Milch bereits angeführten und manche noch nicht genau ermittelten Futterstoffe und die damit verbundenen abnormen Vorgänge im thierischen Körper.

   Alte oder mit Pilzen behaftete und verfutterte Oelkuchen u. dgl. m., liefern in allen Fällen eine mehr und minder bittere Butter;
2. durch die bittere Milch, welche nicht selten von altmilchenden Kühen gewonnen wird und unter „bittere Milch" beschrieben ist;
3. durch zur Abbutterung benutzten, abnormen alten Rahm;
4. durch abnorme Buttermilch oder abnormen sauren Rahm u. dgl. m. als Ansäuerungsmaterial, und
5. durch Unreinlichkeit der Milchgefäße, der Localitäten, im Kuhstall u. s. w. und Vorhandensein von Pilzen, Bakterien.

Die Vorbeugung eventuell Beseitigung dieser Vorkommnisse wird bezweckt:

ad 1 durch Futterwechsel, Umweide und bisweilen Verabreichung der an ihrem Ort beschriebenen Arzneimittel.

ad 2. Auf Buttergewinnung muß verzichtet werden und wird es bei den Modificationen a und b in Frage kommen, ob nicht vorzuziehen ist, die betreffenden Kühe umzusetzen oder auszumerzen.

Bei der Modification c wird man die Milch gleich nach dem Melken aufkochen und als eine besonders haltbare Milch, in der Hauswirthschaft verwenden.

ad 3. Die Abrahmung muß im Sommer nach 12, spätestens 24 Stunden, im Winter nach 24, längstens 36 Stunden stattfinden.

ad 4. Anstatt Buttermilch zur Ansäuerung des süßen Rahms muß im Allgemeinen der Vollmilch oder einer abgerahmten Milch, welche bei einer etwa 24stündigen angemessenen Wärme eine schwach säuerliche Beschaffenheit angenommen hat, der Vorzug eingeräumt werden. Eine fehlerfreie schwach säuerliche Vollmilch oder besser abgerahmte, zur Säuerung hingestellte Milch, verdient allemal den Vorzug vor der allerdings bequemeren Verwendung der Buttermilch. Fehler in der Buttermilch stellen sich gar leicht ein und man wird unter jenen Verhältnissen dann immer fehlerhafte Butter erhalten.

ad 5. Bei Unreinlichkeit der Milchgefäße, der Localitäten u. s. w. ist vorzugsweise eine Desinfection oder Vertilgung der den Bitterstoff erzeugenden Pilze, Bakterien, wie solches unter der „blauen Milch“ angegeben, zu bewerkstelligen.

11. Die saure Butter.

Die saure Butter ist das Resultat eines sehr alten, sauern Rahmes und schlechter, oder sorgloser Behandlung der Butter. Die saure Butter paart sich mit der „trockenen Butter“, enthält viel Käsestoff und Wasser und durchläuft alle Stadien der Ranzigkeit sehr rasch.

12. Die Altmilchs-Butter.

Die Altmilchs-Butter besitzt einen schwach bittern Beigeschmack, der mannigfach modificirt oder wechselnd ist, und einen Geruch der dumpfig oder an nicht gut gelüftete hölzerne Milchgefäße erinnert. Die Butter ist gewöhnlich „trocken“ oder „mager“. Eine derartige Butter geht bald in den stark bittern und hierauf in den bitterranzigen Zustand über. Diese Butter kommt vorzugsweise im Winter und Frühjahr vor und wird auf verschiedene Weise erhalten:

1. wenn man die Milch so lange stehen läßt, bis sie unter dem Rahm gesteht oder schlickert;
2. wenn man die Milch so lange stehen läßt, bis der Rahm schimmelt oder Pilzbildung eintritt, — durchgenähte Altmilchs-Butter.*)
3. am ausgesprochensten wird sie erhalten, wenn man die Milch von Kühen im 6. bis 8., 9. Monat der Trächtigkeit, 36 bis 48 Stunden und länger, stehen läßt, bevor man den Rahm entfernt;
4. werden Heu und Stroh oder Kraftfutterstoffe in theilweise schwach angeschimmeltem Zustande verfüttert, so erhält man eine der vorhergehenden ganz ähnliche Butter, die auch unter demselben Namen geht. Befinden sich die gedachten Futterstoffe in einem stärkeren und stark schimmeligen Zustand, so erfolgt der Uebergang in die „bittere“ und „bitter-ranzige Butter“, und nicht lange darauf erfolgen Milchfehler, Nichtabbutternkönnen und demnächst Krankheiten des Viehstandes.

In allen Wirthschaften, in denen einzelne Futterstoffe in feuchtem Zustande geborgen sind und Schimmelbildung eingetreten, ist letztere Modification der „Altmilchs-Butter“ eine stetige Erscheinung.

---

*) Im historischen Interesse verdient Erwähnung, daß vor 60, 50 und noch vor reichlich 40 Jahren aus Klein- und Mittelwirthschaften im Winter nicht selten Butter, aus stark verschimmeltem Rahm dargestellt, vorkam. Eine derartige Butter zeigte lange Pilzfäden in unzähliger Menge, wurde deshalb „durchnähte Altmilchsbutter“ genannt und im nächsten Detailhandel flott verkauft.

13. Die käsige Butter.

Diese Butter ist nicht allein mager und lose und ungefärbt talgig- oder käsig-weiß, sondern nicht selten auch säuerlich, weil die Buttermilch außerordentlich schwierig aus derselben zu entfernen ist. Diese Eigenschaft erkennt man in schwächeren Graden durch blaues Lackmuspapier, in höheren Graden schon durch den Geschmack. Die „trockene oder magere", die „saure" und die „Altmilchs-Butter" sind mehr und minder gleichzeitig käsige Buttersorten, die „käsige Butter" zeichnet sich jedoch vorzugsweise durch einen höhern Käsestoffgehalt der bis 3 pCt. und mehr betragen kann aus, setzt demnach beim Schmelzen neben Kochsalz einen unverhältnißmäßig großen Bodensatz von Käsestoff ab und geht bald in Verderbniß über.

Die „käsige Butter" wird erhalten, wenn man den Rahm von der Milch säuerlich abrahmt und nunmehr zur ferneren Ansäuerung ein verhältnißmäßig saures Ansäuerungsmaterial verwendet. Kommt zu diesem fehlerhaften Verfahren noch hinzu, daß man den Rahm noch über 24 Stunden in der Rahmtonne stehen läßt oder auch in dieser Zeit die Temperatur über 18° C. steigt, was namentlich an heißen Tagen des Sommers leicht geschieht, so erhält man eine „käsige Butter" in der ausgesprochensten Form.

Die „käsige Butter" wird am häufigsten in den Kleinwirthschaften hergestellt, weil hier süße Abrahmung, schwache Ansäuerung des Rahms, angemessene Temperatur während des Reifungsprocesses u. s. w. selten zur Anwendung kommt, sondern unter dem dunkeln Zwange gedankenloser Ueberlieferung gearbeitet wird und schließlich nicht selten über die erforderliche Zeit des Reifegrades des Rahms oder der Milch hinaus, wie es eben die anderweitigen wirthschaftlichen Zeitverhältnisse erlauben, die Abbutterung vorgenommen wird. Eine derartige Butter nimmt ohne wesentliche Beeinträchtigung der Consistenz recht gut bis 25 pCt. Wasser auf. Da diese Butter nur ins Detailgeschäft kommt und vorzugsweise von dem sog. „kleinen Mann" gekauft und verzehrt wird, ist es bedauerlich, daß das Gesetz über Lebensmittel-Verfälschung für eine derartige Butter nicht zur Anwendung gebracht werden kann.

Kommt käsige Butter aus Großwirthschaften, so hat der Verfasser wiederholt als Fehler gefunden, daß dem süßen Rahm ein zu starkes Ansäuerungsmaterial zugesetzt und der Rahm selbst einer zu hohen Temperatur während des Reifungsprocesses ausgesetzt wurde.

Zeitweilig besonders im Sommer ist die Klage der Butterfirmen über die Lieferung „käsiger Butter", bald aus dieser, bald aus jener Großwirthschaft sehr groß und dürften daher vorstehende Andeutungen besondere Beherzigung verdienen.

14. Die krümelige Butter.

Dieser Consistenzfehler in seinen verschiedenen mehr und minder harten Uebergängen, ist ein nicht seltenes Vorkommen:

a) bei der talgigen, trockenen oder magern, der Altmilchs- und der käsigen Butter;
b) im Winter, bei Zuguß von heißem Wasser während der Butterung, wogegen man im Sommer schmierige Butter erhält;
c) bei zu kalter Abbutterung und mäßiger Bearbeitung;
d) wenn man im Winterhalbjahr das aus dem Butterfasse genommene Butterfett in einem kalten Locale einige Zeit stehen läßt und nicht recht bald der weitern und endgiltigen Behandlung unterwirft;
e) Oelkuchen unter anderm: Baumwollensamen-, Candelnuß-, Sesam- und Mohnkuchen in täglichen starken Gaben verabreicht, bewirkt gar leicht, namentlich mit verhältnißmäßig großen Portionen des sehr kalihaltigen Hafer- und Gerstenstrohes verabreicht, eine mehr und minder harte krümelige Butter.

Diese Oelkuchen haben einen hohen Gehalt an Asche und phosphorsauren Verbindungen und scheinen zusammen mit jenen Stroharten den Schmelzpunkt des Butterfettes nachtheilig zu erhöhen.

Daß unter anderm: Zuckerrübenköpfe und Köpfe von anderweitigen Rüben, sehr leicht eine krümelige Butter geben, ist allgemeiner bekannt.

Die krümelige Beschaffenheit der Butter in niedern Graden, kann meistens gehoben werden durch eine gute Bearbeitung mit erwärmtem Wasser zwischen 20—30° C.

Falls keine Ueberarbeitung stattfindet, ist diese Operation für die betreffende Butter ohne Benachtheiligung.

Anderweitig ist gegen diesen Consistenzfehler empfohlen Fütterung mit Raps-, Rübsen-, Lein- und Erdnußkuchen, Weizen-, Roggen- und Reiskleie, Malzkeime und gequetschtem Hafer.

15. Die streifige oder flammige Butter.

Dieser Fehler ist begründet in zu spätem Zusatz des Farbstoffes und flüchtiger Bearbeitung desselben zur gleichmäßigen Vertheilung in der Butter.

Am besten geschieht, falls Zusatz von Farbstoff Erforderniß ist, derselbe bei beginnender Butterung.

16. Die dumpfige oder mulstrige Butter.

Die Veranlassung sind schlecht ventilirte, feuchte Meiereiräumlichkeiten und nachlässig ausgelüftete Meiereigeräthe. Die Behandlung jener Milchgefäße u. s. w. und Meiereiräumlichkeiten mit Bleichkalk-Lösung (1 G.-Thl. Bleichkalk, 10—15 G.-Thl. Wasser) oder der concentrirten doppelt schwefligsauren Kalkerdelösung, sowie gleichzeitig gute Lüftung event. Ventilation der letzteren, beseitigen das Uebel rasch.

17. Die schimmelige Butter.

Dieser Fehler entsteht ebenfalls durch schlecht ventilirte, sehr feuchte Kellerräume und längere Aufbewahrung der Butter in jenen Räumen. Die schimmelige Butter enthält in der Regel verhältnißmäßig mehr Käsestoff als erlaubt ist und gewinnt daher unter jenen Verhältnissen leicht einen dumpfigen oder mulstrigen Geruch und Geschmack. Drainage, andererseits Anwendung der sub 16 erörterten Verkehrungen beseitigen das Uebel.

18. Die Butter mit Stallgeschmack.

Ursachen: bald unreines Euter, bald schlechte vernachlässigte Hautpflege, theils mangelnde oder ungenügende Einstreu, theils schlecht ventilirte Stallungen und Stehen der Milch in derartigen Stallungen während der Melkzeit.

19. Die Butter mit Futtergeschmack.

Ursachen: dumpfige oder mulstrige, schimmelige Futterstoffe, ranzige Oelkuchen u. dgl. m. Aus den Ursachen ergeben sich hier wie sub 16 die Vorbeugungsmittel.

Die Darstellung der hochfeinen Tafel-, andererseits Dauerbutter.

Wenn in den bisherigen Mittheilungen die Fehler der Butter und deren Vorbeugung event. Beseitigung im Allgemeinen besprochen wurden, so ist doch noch manches Wissen und sind manche spezielle Bedingungen, die theilweise selten richtig erkannt oder gewürdigt werden, erforderlich, um eine hochfeine Tafel-, andererseits Dauerbutter herzustellen; diese Verhältnisse haben für den Butterproducenten den höchsten Werth, und sollen, so weit solche bislang unerörtert haben bleiben müssen, in folgenden Abschnitten in Kürze die erforderliche Würdigung im Allgemeinen finden.

Die Reinlichkeit in der Milchwirthschaft.

Daß bei dem Meiereipersonal und in allen Meiereiräumlichkeiten die peinlichste Reinlichkeit herrschen muß, kann nicht dringlichst genug hervorgehoben werden. Diese Peinlichkeit wurde übrigens vor Zeiten in zahlreichen großen Meiereiwirthschaften Schleswig-Holsteins anscheinend in einer Beziehung übertrieben. Das weibliche Meiereipersonal mußte nämlich während der Tage der Menstruation anderweitig beschäftigt werden. Kamen Milch- oder Butterfehler vor, so wurde Verdacht auf Uebertretung jener Vorschrift gehegt oder auch wohl die Ursache jener Fehler sofort jener vermeintlichen Uebertretung zugeschrieben.

Man war somit bei den etwa vorkommenden Milch- und Butterfehlern niemals verlegen für den Prügeljungen.

Die Behandlung der Meiereigeräthe mit siedend heißer Sodalösung, der ein wenig gelöschter, zerfallener Kalk zugesetzt ist, verdient unter allen Umständen, sowohl im Großen wie im Kleinen die beste Empfehlung und ist die gehörige Lüftung aller gereinigten Milchgeräthe Bedingung.

In Betreff des Melkens während der Stallfütterung mag bemerkt werden, daß Feinschmecker sofort herausfinden, ob eine frisch gemolkene Milch einige Zeit in dem wenn auch gut ventilirten Kuhstall in den Milcheimern gestanden hat und erfahrene Butterhändler sogleich herausfinden, daß die fragliche Butter aus einer derartigen Milch gewonnen ist; deshalb muß, um *hochfeine Butter* zu gewinnen, als eine Bedingung hingestellt werden, die größeren Milchgefäße außerhalb des Kuhstalles zu stellen und die Milch jeder einzelnen Kuh sofort nach dem Melken, in die betreffenden Gefäße gießen zu lassen.

Eine hochfeine Butter ist bekanntlich bei der Stallfütterung schwierig und bei dem Losegehen der Kühe im Stalle kaum oder noch schwieriger zu erhalten; im letzteren Falle muß man sich mit einer Sekunda- und Mittelwaare begnügen.

Als Beleg mag dienen, daß in allen denjenigen Gegenden, wo Stallfütterung permanent eingeführt ist, dieselben einen Ruf für Herstellung hochfeiner Tafel- und Dauerbutter nicht haben erlangen können.

Der Milch- und Butter-Keller.

In dem sorgfältig ventilirten Milch- und Butterkeller sollte die Temperatur möglich nie über 14—15° C. steigen, lieber wesentlich darunter bleiben. Höhere Temperaturen bewirken eine raschere Milchsäurebildung und Gerinnung der Milch, wodurch mehr Käsestoff in die Butter gelangt und eine mehr oder minder „magere“ und weniger haltbare Butter gewonnen wird. Kellereinrichtungen mit Wasser- und Eis-Meierei können nicht genug empfohlen werden, wenn kaltes Quellwasser, jedoch nicht über 9—10° C., zur Verfügung steht.

Bei und unter jener Temperatur wird die Milch-Pilzvermehrung, mithin die Milchzuckerzerlegung und Milchsäurebildung in der Milch unterdrückt oder auf das niedrigste Maß beschränkt, und wenn man die üblichen Zeiträume der Abrahmung innehält, wird es vermieden, daß die in Vollmilch enthaltenen alkalischen Phosphate, sich in saure Phosphate umsetzen. Ein derartiger Rahm gestattet, wenn man fast alle anderweitigen Bedingungen erfüllt, eine wesentlich größere Sicherheit in der Darstellung hochfeiner Dauerbutter.

Die Reaction der Milch und des Rahms.

Aus dem Euter frisch gewonnene neutrale*) oder schwach alkalisch reagirende Milch und von derselben gewonnener neutral reagirender Rahm ist Bedingung zur Erlangung einer haltbaren Prima-Butter. Säuerlich reagirende Milch beim Melken ist nicht normal, sondern rührt entweder

---

*) Unter neutraler Reaction der Milch ist zu verstehen, daß blaues Lackmuspapier eine violett-röthliche, rothes Lackmuspapier eine violett-bläuliche Färbung annimmt. Diese eigenthümliche Reaction der normalen Milch bezeichnet man auch mit dem Namen „amphoter“ und ist nicht zu verwechseln mit säuerlicher und alkalischer Reaction der Milch, denn im ersteren Falle wird blaues Lackmuspapier röthlich oder roth, im letzteren Falle rothes Lackmuspapier bläulich oder entschieden blau.

Um Irrthümern vorzubeugen, muß mit dem blauen Lackmuspapier vorsichtig umgegangen werden, denn von feuchten oder noch mehr von schweißigen Fingern wird dasselbe geröthet.

von mehr oder minder nicht naturgemäßen Futterstoffen oder abnormen physiologischen Vorgängen im thierischen Organismus her, und kann es daher kein Erstaunen erregen, wenn die aus derartiger Milch hergestellte Butter selten haltbare und Prima-Waare bildet. Soda oder besser zweifachkohlensaures Natron oder basisch-salicylsaures Natron*) kann in der Milchwirthschaft an heißen Sommertagen große Dienste leisten, ebenfalls in der Küchenwirthschaft, indem dasselbe unter anderm dem Gerinnen etwa bereits schwach säuerlich gewordener süßer oder abgerahmter Milch oder des Rahms beim Kochen vorbeugt. Blaues, andererseits rothes Lackmuspapier zeigt die säuerliche, neutrale und alkalische Reaction der Milch, des Rahms, der Butter und anderer Stoffe und Flüssigkeiten an und sollte neben Thermometer und Soda in keiner Wirthschaft fehlen. In der Hand des Wirthschafters ist das Lackmuspapier eine vortreffliche Controle, in der Hand der Hausfrau oder Meierin dient dasselbe als Controle, Anhalt und Rechtfertigung.

Die Aufbewahrung der Milch u. s. w.

Bei der üblichen Buttergewinnung ist die Milch in einem gut ventilirten, trockenen Keller von möglichst nicht höher denn angegebener Temperatur aufzubewahren. Eine rasche Abkühlung der kuhwarmen Milch, bevor man dieselbe in die Milchgefäße des Kellers bringt, falls solches auch nur unter gewöhnlichen Verhältnissen auf 14—15° C. ermöglicht ist, hat wesentliche Vortheile sowohl für die Darstellung der Tafel-, wie der Dauerbutter.

Den Rahm für Dauerbutter muß man nach 12 Stunden süß entfernen, um vorzugsweise die großen Butterkügelchen zu gewinnen, worauf man die Milch noch 24 Stunden stehen lassen kann, um durch eine abermalige Rahmung die kleinen Butterkügelchen zu gewinnen; letztere Abrahmung liefert eine Tafelbutter, die man als Sekunda-Waare bezeichnet.

Die Abrahmung für Tafelbutter kann man bis 36 Stunden hinausschieben, um allen Rahm bestens zu gewinnen, vorausgesetzt, daß derselbe dann noch entschieden säurefrei ist. Blaues Lackmuspapier giebt hierüber Aufschluß.

---

*) Die billige Lösung von basisch-salicylsaurem Natron wird durch Mischung von mäßig verdünnter reiner Sodalösung (ein gestrichener Theelöffel voll gröblich zerstoßener käuflicher Soda gelöst in etwa 1/4 Liter warmem Wasser) mit Salicylsäure (ein gehäufter Theelöffel voll) unter Umschütteln bis zur Lösung der Säure, hergestellt.

Ob man bei der üblichen Meierei hölzernen, thönernen oder metallenen Gefäßen zur Aufbewahrung der Milch den Vorzug einzuräumen hat, hängt von manchen Verhältnissen ab; — bei einer Neubeschaffung sind Blechgefäße vorzuziehen, schon der großen Haltbarkeit wegen, dann hat auch die Erfahrung gelehrt, daß in diesen die beste Ausrahmung stattfindet. Wichtig zu wissen ist inzwischen, daß die Milch sowohl in hölzernen wie in glasirten, thönernen Gefäßen aufbewahrt, eine Prima-Butter zu liefern vermag.

In Betreff der thönernen, glasirten Aufrahmgefäße bedarf es einer Warnung. Die Glasur dieser Gefäße springt beim täglichen Gebrauche nach einem kürzeren oder längeren Zeitraum allmälig ab und beginnt dem entsprechend allmälig träge Abrahmung, träge Abbutterung und tritt auch wohl Nichtabbutternkönnen ein. Die Stellen der abgesprungenen Glasur saugen Milchbestandtheile ein, diese zersetzen sich und sind selbst durch siedend heiße Sodalösung nicht zu beseitigen. Normale Milch in diesen Gefäßen aufgestellt, wirft nach 10—12 Stunden feine Bläschen auf, die den Rahm nicht durchbrechen, aber nach und nach flache Hügel entsprechend der abgesprungenen Glasur bilden; bald darauf reagiren Milch und Rahm säuerlich. Werden die schadhaften Gefäße mit Soda sorgfältig gereinigt und zum Trocknen hingestellt, so zeigt sowohl die Außen- wie die Innenfläche an jenen schadhaften Stellen binnen 24 Stunden starke Schimmel- oder Pilzbildung. Diese Pilzbildung bedingt das Mißgeschick.

Alle derartigen Verhältnisse werden bei Butterfehlern leicht übersehen, allein man sieht beispielsweise aus diesem Vorkommen, mit welcher Sorgfalt und Umsicht Milch- und Butterfehlern nachgeforscht werden muß, wenn man sich gegen Irrthümer und vergebliches Bemühen schützen will. Der Verfasser gesteht offen, daß er dieses in Kleinwirthschaften nicht seltene Vorkommen vor Zeiten mehreremale im Anfang übersehen und fast die Hoffnung aufgegeben hatte, die Ursache des betreffenden Fehlers zu entdecken. Derartige noch zahlreich benutzte Gefäße sollten aus jeder Milchwirthschaft verbannt werden.

Bei der gegenwärtig stark betriebenen Wassermeierei, wo nur metallene Gefäße zur Aufbewahrung der Milch Verwendung finden können, hat man dafür zu sorgen, möglichst kühles, laufendes Wasser, dessen Temperatur 9—10° C. nicht übersteigt, zu verwenden. Steht ein solches kaltes und kälteres Wasser für Mittel- und Kleinwirthschaften nicht zur Verfügung, so thut man wohl, auf das Verfahren zu verzichten wie man dann auch verzichten mag auf die bekannte Eis-Meierei, weil dann die Kosten der Einrichtung des Eisbedarfs u. s. w. nicht mit dem Nutzen des Verfahrens in Einklang zu bringen sind.

In solchen Fällen wird es vielleicht vortheilhaft sein, nöthigenfalls mit einem Nachbar, sich einen Hand-Separator anzuschaffen und falls eine

Genossenschafts-Meierei vorhanden, den Rahm nach Fettgehalt an dieselbe zu verkaufen.

Soll in der Centrifugen-Meierei des Großbesitzes Dauerbutter hergestellt werden, so muß ebenfalls ein Wasser unter, mindestens aber nicht über 9—10° C. zur Verfügung stehen und möchte in der mangelhaften raschen Abkühlung des warmen Rahms theilweise der Fehler liegen, wenn die Haltbarkeit der betreffenden Butter aus solchen Wirthschaften nicht immer den Wünschen der Käufer entsprechen will.*)

Die Reinlichkeit der Centrifuge ist stets einer scharfen Controle zu unterwerfen, da die härteren und harten Abscheidungen von Unreinigkeiten u. dgl. zunächst an den Wandungen der Centrifuge, der Entfernung einige Schwierigkeiten bereiten.

Die Ansäuerung des Rahms.

Die Butterreife oder Rahmreife darf, um vorzügliche Dauerbutter herzustellen 12—15 Stunden, um eine Tafelbutter herzustellen etwa 24 Stunden erfordern; um die Reife zu befördern, versetzt man den frischen Rahm ausnahmsweise mit sauer gewordenem Rahm oder säuerlicher Magerlich oder Vollmilch, gewöhnlich, weil bequemer, mit Buttermilch.

Säuerlicher Rahm giebt sehr leicht fehlerhafte Butter, und fehlerhafte Buttermilch, welche nicht selten vorkommt, deren Fehlerhaftigkeit indessen leider recht selten durch die Sinne wahrgenommen werden kann, giebt stets fehlerhafte Butter und kann eine derartige Buttermilch, die sich gerne fort erzeugt, zu einer Calamität führen.

Besser versetzt man daher den Rahm mit einer schwach säuerlichen Vollmilch oder Magermilch oder auch reinen Milchsäurelösung. Die Behandlung mit letzterer ist einfach und bequem und verdient nach des Verfassers unmaßgeblicher Meinung alle Beachtung. Concentrirte, chemisch reine Milchsäure, wie man dieselbe aus chemischen Fabriken oder Droguenhandlungen beziehen kann, wird in ein Quantum lauwarmen Wassers, welches der üblich verwandten Quantität Buttermilch gleich ist, tropfenweise gegeben, bis dasselbe annähernd den säuerlichen Geschmack der Buttermilch besitzt und dann zu dem frischen Rahm gegeben. Wenige Tropfen concentrirter Milchsäure genügen für 200 bis 250 ccm Wasser, um den Milchsäuregehalt einer normalen Buttermilch zu erlangen. Die Milchsäure ist billig und lätzt sich sehr billig herstellen, so daß der Preis kein Hinderniß für die Anwendung sein würde.

---

* Sehr zu empfehlen: Prof. Dr. Fleischmann, Der Centrifugenbetrieb in der Milchwirthschaft 2c.

Gleiche Gewichtstheile concentrirter Milchsäure, Phosphorsäure und Salzsäure in der Säureverwendung der Buttermilch, scheinen dieselben günstigen Resultate zu ergeben, wie die reine Milchsäure. Milchsaure, phosphorsaure und chlorwasserstoffsaure Verbindungen sind bekanntlich, außer freier Milchsäure, vorzugsweise in der Buttermilch enthalten.

In Folge der hohen Bedeutung der Ansäuerung des Rahms und der mit der Buttermilch häufig verbundenen Fehler ist der Ersatz der Buttermilch mehrfach als Preisaufgabe gegeben, jedoch unerklärlicher Weise nicht gelöst worden.

Man darf recht sicher annehmen, daß die Buttermilch, die säuerliche Vollmilch, die Magermilch und der säuerliche Rahm außer dem Spaltpilz Bacterium acidi lactici, eigenthümliche Gährungserreger (Pilze) enthalten, durch welche die Reife des abzubutternden Rahms und das eigenthümliche Aroma der Butter, welches mehr durch den Geschmack, als durch den Geruch erkannt, herbeigeführt wird.

Reine Milchsäure in der annähernden Verdünnung einer schwach säuerlichen Buttermilch oder Vollmilch bewirkt ganz dasselbe Verhalten und spätere Aroma der Butter, so daß, wie anzunehmen sein dürfte, jeder süße Rahm den Gährungserreger in sich selbst trägt und nur durch das Ansäuerungsmaterial, die Entwickelung des Aromas und die Reifezeit des Rahms durch vermehrte Pilzbildung begünstigt wird. Die Bildung des Aromas des Butterfettes beruht voraussichtlich ganz auf dem Vorgang der Bildung der „Fermentolea“. Frisch gemolkene Milch hat gewöhnlich nur einen thierischen Geruch, besonders die Stallmilch und scheuen deshalb viele Menschen den Genuß frisch gemolkener Milch.

Bei der Darstellung der „Fermentolea“ der theils geruchlosen, theils fast geruchlosen Stoffe: Taback, Tausendguldenkraut, Huflattich, Vogelbeerenrinde und Vogelbeeren u. dgl. m., der bittern Mandeln, des Samens von Senf, Raps, Rübsen u. dgl. m. bedarf es nur wie bei der Milch und dem Rahm, der Feuchtigkeit event. des Wassers und der Wärme, ohne jeglichen hinzugefügten Gährungserreger, um eigenthümliche aromatische Stoffe event. Oele oder „Fermentolea“ zu erhalten, die früher nicht in diesen Stoffen, ebensowenig wie das in der Butter vorkommende Aroma in der Milch vorhanden waren; Säurebildung begünstigt auch in diesen Fällen die Pilz- und Fermentolea-Bildung.

Diese Vorgänge haben ein großes praktisches Interesse und werden seiner Zeit sicherlich von der Wissenschaft verfolgt werden.

Aus süßem Rahm ohne Säuerung wird bekanntlich vorzugsweise in Dänemark eine vorzügliche Dauerbutter, auch „präservirte Butter“, genannt, hergestellt und besitzt diese einen durchaus reinen, milden, fettigen, fast

4*

indifferenten Geschmack, weil namentlich das Aroma oder das „Fermentoleum" durch den Ausschluß des säuerlichen Gährungsprocesses nicht zur Entwickelung gekommen ist und daher nicht den üblichen Reiz auf die Geruchs- und Geschmacksnerven ausübt.

Ein geringerer oder ein größerer Zusatz von Ansäuerungsmaterial, ein geringerer oder größerer Gehalt an Milchsäure in dem Ansäuerungsmaterial, hat einen ganz bedeutenden Einfluß auf den süßen Rahm und muß demnach diesem Verhalten die größte Aufmerksamkeit gewidmet werden.

Ganz besonders muß in's Auge gefaßt werden, daß die Milchsäure des Ansäuerungsmaterials die bereits erörterte Eigenschaft besitzt, den Käsestoff flockig zu fällen und die Butterkügelchen mechanisch innig einzuschließen oder zu umhüllen. Je mehr oder stärkeres Ansäuerungsmaterial demnach dem Rahm zugesetzt wird und je länger der Rahm nach diesem Zusatz in der Wärme stehen bleibt, desto mehr Käsestoff wird flockig gefällt und je unhaltbarer und käsestoffreicher wird die Butter; dagegen wird durch einen gewissen Zusatz in der Höhe von etwa 4—5 pCt. einer schwach säuerlichen Magermilch oder Vollmilch oder auch Buttermilch oder einer entsprechend annähernd verdünnten reinen Milchsäure und etwa 20—24stündige Wärme zwischen 15 und 18° C. das Aroma ganz besonders stark entwickelt. Man muß daher zu dem süßen Rahm, aus welchem eine „hochfeine Tafelbutter" hergestellt werden soll, niemals mehr wie höchstens 5 pCt. eines schwachen Ansäuerungsmaterials nehmen, wodurch dann ein stark entwickeltes Aroma erlangt und der erlaubte Gehalt von Käsestoff nicht überschritten wird, wogegen man zu dem süßen Rahm, der zu „Dauerbutter" bestimmt ist, einen Zusatz von 1, höchstens 2 pCt. eines schwachen Ansäuerungsmaterials nicht überschreiten und den Rahm nicht länger denn 12—15 Stunden bei einer Wärme zwischen 20—25° C. stehen lassen darf, um möglichst wenig Käsestoff zu fällen. Allerdings muß man im letzteren Falle aus früher erörterten Gründen auf den höheren Gehalt des Aromas oder „Fermentoleums" verzichten.

Will man die Rahmreife in 12 Stunden herbeiführen, so muß man sich den angegebenen höheren Temperaturen nähern.

Die quantitative, leider vorläufig nicht die qualitative Größe des Ansäuerungsmaterials kann angegeben werden, weil es uns noch an Bestimmungen des Milchsäuregehaltes fehlt und sind daher die Angaben immerhin unbestimmt und mißlich, weil sie der Beurtheilung des sehr verschiedentlichen, täuschenden Geschmackes anheimgegeben werden müssen.

Untersucht man mikroskopisch die frische Buttermilch in mit Wasser sehr verdünntem, recht durchscheinendem Zustande, von einem reifen Rahm gewonnen, der mit 8 und 10 pCt. eines schwach säuerlichen Ansäuerungsmaterials angesäuert war, so findet man viel klumperigen, höchst aufgequollenen und nicht weniger flockig gefällten Käsestoff, wogegen dieselbe von einem reifen Rahm gewonnen, der mit 1 und 2 pCt. schwach säuerlichem Ansäuerungsmaterial angesäuert war, eine verhältnißmäßig große Menge klumperigen höchst aufgequollenen, dagegen eine sehr geringe Menge flockig gefällten Käsestoff zeigt.

Dieses alles sind Verhältnisse, welche von der Wissenschaft, nicht aber von dem praktischen event. praktisirenden Thierarzt verfolgt werden können.

In vorstehend erörterten Verhältnissen beruht, was stets wohl zu beachten bleibt, vorzugsweise der wesentliche Unterschied zwischen der Tafelbutter oder der Butter für den Consum und der Dauerbutter oder der Butter für den Export und sind jene Verhältnisse, wenn auch nicht die allgemein üblichen, doch diejenigen wie sie in den Landschaften Angeln und Schwansen, aber auch in dem Butterlande Dänemark, von den geschicktesten Hausfrauen und Meierinnen in der Produktion von „feiner" und „hochfeiner" Tafel- und Dauerbutter, ausgeführt werden.

In der Regel wird zn dem süßen Rahm zur Darstellung der Tafelbutter, aber auch der Dauerbutter, zu viel Ansäuerungsmaterial, wenn auch weniger in der Quantität, so doch in der Qualität, zugesetzt. Man widmet im Allgemeinen in dieser Beziehung dem Säuregehalte der Magermilch, Vollmilch, Buttermilch oder dem säuerlichen Rahm zu wenig Aufmerksamkeit. Der Gährungserreger ist ein beachtenswerther Factor, der wichtigste Bestandtheil, mit dem der Butterproducent zu rechnen hat und rechnen kann, ist jedoch vorzugsweise die Milchsäure in dem Ansäuerungsmaterial.

Zur Zeit bieten unsere milchwirthschaftlichen Schriften in diesen Beziehungen einen sehr geringen Anhalt. Nach meinen Untersuchungen lieferten 100c cm reifer Rahm die von 45—50 ccm einer 0,4 procentigen Aetznatronlösung neutralisirt wurden, eine Butter, die 0,4—0,8 pCt. Caseïn enthielt und Dauerbutter darstellte, wogegen 100 ccm reifer Rahm, die von 90—100 ccm Aetznatronflüsigkeit neutralisirt wurden, unhaltbare Butter lieferte und zwischen 1,5 bis 2,5 pCt. Caseïn enthielt.

Der Milchsäuregehalt des Ansäuerungsmaterials ist wie bereits angedeutet, äußerst verschieden und kann der Procent-Gehalt desselben durch den feinsten Geschmack niemals genau festgestellt werden. Aus diesem Grunde entsteht, abgesehen von Gleichgültigkeit, Arbeiten nach hergebrachter Sitte oder gedankenloser Ueberlieferung u. dgl. m. der haltlose Zusatz auf

„gutes Glück“ event. ins „Blaue“ hinein, — in Folge dessen dann größtentheils die ununterbrochen mannigfachen Fehler entstehen, die namentlich in der Dauerbutter auftreten.

Man behauptet vielfach, das schöne Geschlecht oder die erfahrene Milchwirthschafterin bereite mit ihrem „Gutdünken“ in der Regel bessere Butter und wisse den Zusatz des Ansäuerungsmaterials zum süßen Rahm besser zu reguliren, als das männliche Geschlecht und möchte der Verfasser dem vollständig beipflichten, da nach seiner Erfahrung die von Milchwirthschafterinnen bereitete Butter auf allen bisherigen großen Butter- event. Molkereiausstellungen vorherrschend ausgezeichnet wurde.

Anscheinend hat das schöne Geschlecht in diesem Fach einen hochfeineren Geschmack, wogegen die mannigfachen Geschmacksrichtungen des männlichen Geschlechtes: Taback, starke Gewürze, Spirituosen, Bier u. dgl. m. im allgemeinen den hochfeinen Geschmack stark beeinträchtigen; trotzdem vermag das schöne Geschlecht, ebensowenig unfehlbar, bekannte Klippen zu umschiffen.

Die dänischen Milchwirthschafter in den größeren Milchwirthschaften haben bereits seit Jahren ein mit manchen Unbequemlichkeiten verbundenes Verfahren eingeführt; aus Milch oder Rahm während 24 Stunden ein Ansäuerungsmaterial herzustellen, welches in dem Milchsäuregehalt weniger wechselt und daher gleichmäßigere Resultate zu liefern vermag; indessen auch dieses Verfahren ist, abgesehen von den Unbequemlichkeiten, keineswegs genügend und wird solches dort auch anerkannt.

Läßt man Magermilch oder Vollmilch ohne wesentliche Unbequemlichkeiten, während einer gleichbleibenden Wärme und Zeit ansäuern, so kann man ebenfalls ein gleichmäßigeres Ansäuerungsmaterial herstellen, aber auch dieses bleibt immer unbestimmt in Bezug des Procentgehaltes an Milchsäure und genügt daher nicht.

Die Praxis hat in obiger Beziehung geleistet, was sie zu leisten vermag und ist von der Wissenschaft in dieser Beziehung bislang völlig im Stich gelassen, jetzt ist es Zeit, daß die Wissenschaft für die Praxis eintritt, damit der Schlendrianswirthschaft ein Ende bereitet und wir dem Ziele entgegengeführt werden, einigermaßen gesichert, nicht allein eine vorzügliche Tafelbutter, sondern auch andererseits eine vorzügliche Dauerbutter unfehlbar bereiten zu können, vorausgesetzt, daß alle anderweitigen Bedingungen erfüllt sind. Dieses Ziel werden wir erreichen, sobald uns von der Wissenschaft ein praktischer Maßstab für den Säuregehalt des Ansäuerungsmaterials gegeben ist und wir nicht mehr gezwungen sind, uns auf das „mißliche Gutdünken“ event. „gutes Glück“ zu verlassen.

Die richtige Ansäuerung und der gleichmäßig geleitete Gährungsproceß, sind die schwierigsten Operationen bei der ganzen Butterbereitung, werden aber meistens verkannt oder mit Gleichgiltigkeit behandelt.

Ganz besonders schwierig wird die richtige Regulirung des Ansäuerungs- und Reifungsprocesses bei großen Mengen Milch und dem Milchbuttern, weshalb denn auch dort, wo man auf hochfeine Tafel- und besonders hochfeine Dauerbutter arbeitet, dieser Methode, sowie aus demselben Grunde jener Methode, den von der säuerlich gewordenen Milch gesammelten Rahm dann dem Reifungsproceß zu unterwerfen, nur ausnahmsweise Aufnahme eingeräumt worden ist.

Die Wissenschaft der Chemie ist nun einmal weder in der Landwirthschaft, Industrie, Handel, Gewerbe u. s. w., noch in der Molkereiwirthschaft zu entbehren, denn „Die Chemie strebt zu erkunden, was die große Mutter schafft, wohlergründet ist ihr Wirken, unerforschlich bleibt die Kraft.“

In unserer erfindungsreichen Zeit wird hoffentlich recht bald ein tüchtiger milchwirthschaftlicher Chemiker, der mit der Praxis Hand in Hand zu gehen versteht, nicht allein ein handliches Titrirungsinstrument nebst Probeflüssigkeit für das Ansäuerungsmaterial des süßen Rahms herstellen, welche man jeder Hausfrau, Meierin u. s. w. in die Hand geben kann, sondern auch, was höchst wichtig ist, mit Gebrauchsanweisung in den Handel bringen.

Unterscheidet man beispielsweise: 1. eine schwach säuerliche Buttermilch, Magermilch, Vollmilch event. Rahm, 2. eine säuerliche, 3. eine saure und 4. eine sehr saure Buttermilch u. s. w., so würden beziehentlich und ganz unmaßgeblich diese mit etwa 1, 2, 3 und 4 pCt. Milchsäure zu bezeichnen sein. Durch einen starken, graduirten Glascylinder und eine Probeflüssigkeit, vielleicht eine schwache Aetzammoniakflüssigkeit von bestimmtem spec. Gewicht wäre dann ein sicherer Anhalt gewonnen, die Säure z. B. einer schwach säuerlichen und einer sehr sauren Buttermilch oder Magermilch, Vollmilch genau zu bestimmen und eine saure und sehr saure Buttermilch u. s. w. durch Verdünnung mit Wasser sehr rasch in eine schwach säuerliche oder säuerliche Buttermilch u. s. w. zu verwandeln, oder jede reine Milchsäure auf den Procentgehalt einer beliebigen Buttermilch zu verdünnen. In dieser Weise würden ganz bestimmte Procente Milchsäure zu finden sein, die für jeden betreffenden Fall zu verwenden wären. Gleichzeitig wäre man bei der Darstellung des Ansäuerungsmaterials aus der Mager- oder Vollmilch, der sorgsamen Ueberwachung der Säurebildung überhoben und solches wäre ein nicht unerheblicher Gewinn.

Vor wenigen Jahren brauchte weder der Milchwirthschafter noch die Milchwirthschafterin einen Thermometer und in vielen Wirthschaften mag die Anwendung desselben auch jetzt noch unbekannt sein, und es wurde auch vorzügliche Tafel-, andererseits Dauerbutter hergestellt, allein mit welcher Unsicherheit? Welches Milchwirthschafter-Personal möchte den Thermometer, nachdem sie denselben einige Male benutzt haben, entbehren? Ganz ähnlich wird es mit dem erörterten Lackmuspapier gehen und ebenfalls muß in Kürze die Zeit kommen, wo man nicht mehr in das „Blaue" hinein, die verschiedentlich saure Magermilch, Vollmilch oder Buttermilch in die Rahmtonne gießt und sich auf den täuschenden Geschmack verläßt, sondern vorher genau bestimmt, welche Quantität Säure dieselbe enthält, um dieselbe genau nach Quantität und Qualität dem süßen Rahm für die Dauerbutter, andererseits für die Tafelbutter zuzusetzen. Fehlern der mannigfachsten Art wird dann vorgebaut werden und ein sicheres Arbeiten auch für den mindergeübten Butterproducenten ermöglicht sein. Nur mit Gewicht und Maß wird man hier, wie anderweitig sicher arbeiten.

Der Verfasser würde die Einführung der Titrir-Methode für das Ansäuerungsmaterial als eine der bedeutungs- und werthvollsten Errungenschaften der Wissenschaft für die Butterproduction betrachten.

Titrirapparate für die Bestimmung des Säuregehaltes des Ansäuerungsmaterials und des reifen Rahms sind anscheinend durch meine Aufforderung in der „Milchzeitung von Oekonomie-Rath Petersen, Jahrgang 1883", nach und nach empfohlen von J. Grainer-München, F. A. Becker-Hildesheim, Dirks & Möllmann-Osnabrück u. s. w. Es ist nunmehr Aufgabe, eine haltbare, sichere Probeflüssigkeit, vorzugsweise aber die zweckmäßigste Stärke des Ansäuerungsmaterials für Tafel- und Dauerbutter festzustellen.

Die Abbutterung.

Die Dauer der Abbutterung eines reifen Rahms (siehe Rückblick) ist verschieden und kann in der gewöhnlichen Praxis geschätzt werden: rasche Abbutterung zwischen 10—20 Minuten, eine gewöhnliche Abbutterung zwischen 30—45 Minuten und eine träge Abbutterung zwischen 1—2 Stunden.

Hat die Abbutterung nicht in spätestens 45 Minuten stattgefunden, so ist in der Regel der eine oder andere der folgenden Fehler die Veranlassung:

1. Milchfehler und in Folge dessen Rahmfehler;
2. unzureichende Rahmreife (siehe Rückblick);
3. zu niedrige Temperatur des Rahms;
4. Anfüllung des Butterfasses über $^6/_{10}$ des Rauminhaltes, endlich
5. zu schwache Quirlung event. Schlag- oder Stoßwirkung im Butterfaß.

Säuerliche Vollmilch, sowie süßer Rahm erfordern immer einen wesentlichen größeren Kraft- und Zeit-Aufwand.

Ob eine betreffende Abbutterung rasch, normal oder träge vor sich gehen wird, bemerkt man nach der ersten Minute der Butterung an der mehr und minder starken Schaumbildung; dieselbe wird durch einen bereits mehrfach erwähnten, gewissen Gehalt an Albumin und Albuminoden*) bewirkt und dadurch eine mehr und minder träge Abbutterung herbeigeführt.

Was die Qualität des Rahms event. der Vollmilch anbetrifft, so liegen hier noch Verhältnisse vor, die Bezug auf die Individualität des Thieres und auf die abweichenden Vorrichtungen im thierischen Organismus haben und ein Verhalten herbeiführen, welches bald eine beschleunigte, bald eine hemmende Rolle in der Absonderung des Butterfettes ausüben.

Bereits vor Jahren ist es dem Verfasser gelungen, Fälle festzustellen, abgesehen von den unter den „Milchfehlern" erörterten Fällen, in welchen ausnahmsweise Kühe Milch geben, die überhaupt keine Abbutterung zuläßt, worauf eine permanente träge Abbutterung erfolgt, mit der ausnahmsweise Milchwirthschaften bis jahrelang zu kämpfen haben. Das lehrreiche Ergebniß ist vorerst in dem eigenen kleinen Milchviehstand des Verfassers gefunden und hat gezeigt, daß eine Milchwirthschaft durch eigene Aufzucht, indessen auch durch Ankauf, zu einem Milchviehstand gelangen kann, der zu jenem großen Fehler führt. Durch zahlreiche theilweise comparative oder vergleichende Abbutterungen von recht vielen Kühen der Nachbarschaft, aber auch anderweitig bei durchaus naturgemäßer Fütterung und normalem Gesundheitszustande ist unzweifelhaft ermittelt, daß es Kühe giebt, deren reifer Rahm sich bei einer Wärme von 14—15° C. innerhalb 10—15 Min. leicht abbuttern läßt und daß diese vortreffliche Eigenschaft, so weit ermittelt worden ist, in der Nachkommen-

---

*) Im Februar 1886 wurden vom Verfasser persönlich, gemeinschaftlich wechselnd mit seiner Tochter und mehrjährigen zuverlässigen Assistentin, bei allen milchwirthschaftlichen Vorkommnissen, von fünf verschiedenen jungen, vor 1—3 Monaten gekalbten Kühen, die in den Ruf standen, eine sehr rasche Abbutterung zuzulassen, jedesmal 6 Liter des reifen Rahms in einem Stoß-Butterfaß abgebuttert. Das Resultat dieser in 10 Tagen ausgeführten Abbutterungeu war folgendes: Temperatur des in allen Fällen mäßig säuerlichen, reifen Rahms 14—15° C., in einem Falle 16° C., Butterung 6—8 und in einem Falle annähernd 10 Minuten; 120—130 Stöße à Minute.

Ausbeute, schwach gesalzen, aus dem mehr und minder milchhaltigen Rahm reichlich 1 bis reichlich 1½ Pfd. einer vortrefflichen, aromatischen und schön-gefärbten Tafelbutter.

Fütterung: vorzugsweise Kleegrasheu, wenig Gersten- und Haferstroh und theils wenig Haferschrot, theils wenig Bohnen-Erbsen-Schrot, letztere theils Mittags, theils Abends mäßig angefeuchtet, verfüttert.

schaft vererbt, gegentheils ist ermittelt, daß nicht selten Kühe vorkommen, deren reifer Rahm eine Wärme bis 24° C. und eine Abbutterung von 1 bis $1^1/_2$ Stunden und länger erfordert und auch diese Eigenschaft der Vermuthung Raum giebt, daß sie in der Nachkommenschaft mehr und minder vererbt.

Wurde die Milch jener Kühe, welche sich rasch, andererseits sehr träge abbuttern ließ, zu etwa gleichen Mengen gemischt und ein solcher reifer Rahm zur Abbutterung gebracht, dann war das Resultat die gewöhnliche Temperatur, ausnahmsweise bis 18° C. und einer Zeit von 30—45 Minuten.

Abnormitäten der Milch zwischen letzteren Kühen und Kühen, deren Milch sich in 10 Minuten abbuttern ließ, haben sich weder mikroskopisch noch durch die chemische Analyse ermitteln lassen. Werden jene Kühe mit der trägen Abbutterung theilweise umgesetzt oder ausgemerzt und durch entsprechende Kühe ersetzt, so erfolgt recht bald die Bewerkstelligung der Abbutterung in 30—45 Minuten.

Im Winter bei starker Kälte spielen die Localitäten zur Abbutterung einen ganz bedeutenden Einfluß auf dieselbe und glaubt man dort, wo man sich nicht des Thermometers bedient, gar leicht, mit fehlerhaftem Rahm zu thun zu haben. Wenn bei Thauwetter oder gelinder Temperatur in jenen kalten Localitäten die Temperatur des Rahms auf 17—18° C. zu halten sein wird, so wird man außerdem bei großer Außenkälte über jene Temperatur, nachdem das Butterfaß durch warmes Wasser erwärmt ist, nicht selten 3, 4 und 5° C. hinausgehen müssen, um die Abbutterung fertig zu bringen. Dieses ist sowohl für die Tafel-, wie für die Dauerbutter sehr bedenklich, um so mehr, als man sehr leicht harte krümelige Butter erhält, namentlich wenn man direct heißes Wasser in das Butterfaß gießt. Auf die Temperatur der Abbutterungs-Localität ist also immerhin ein bedeutender Werth zu legen.

Für jede höhere Erwärmung des Rahms bei der Abbutterung empfehlen sich zu verschließende Blechdosen mit warmem Wasser, deren Temperatur jedoch 38, höchstens 40° C. nicht übersteigen darf. Im Sommer bedient man sich gleichfalls dieser Blechdosen mit kaltem Wasser oder Eis angefüllt, um die erforderliche Temperatur für die Abbutterung des Rahms leicht und bequem zu bewerkstelligen.

Die „Ueberbutterung“ kommt in vielen Wirthschaften, vorzugsweise jedoch in kleinen Wirthschaften vor und ist in letzteren eine alte gedankenlose Ueberlieferung oder Sitte. Sie besteht in einer Zusammenhäufung der Butterkügelchen zu großen Ballen, welche durch längere Butterung wie erforderlich, „Ueberbutterung“, herbeigeführt wird. Die Butter geht unter diesen Verhältnissen eine sehr innige mechanische Verbindung mit der Buttermilch ein, und wird dadurch die Entfernung derselben äußerst erschwert, in Folge dessen der dänische Milchwirthschafter behauptet, daß eine derartige Butter, durch die erforderliche längere Bearbeitung an Qualität bedeutend einbüßt. Deshalb ist es eine wichtige Bedingung namentlich bei der Dauerbutter, daß die Butterkügelchen bei der Abbutterung nicht größer werden wie Kohl- oder Senfsamenkörner.

Die wiederholten Bestimmungen des Verfassers haben ergeben, daß frisches Butterfett aus dem Butterfasse in handgroßen, bald etwas größeren, bald etwas kleineren Ballen, nach dem vollständigen Abtropfen im Mittel gegen 30 pCt. Buttermilch in ihrer Masse enthalten, wogegen Butterfett unter denselben Verhältnissen in Kohlsamengröße gut zusammengeschüttelt, im Mittel reichlich 20 pCt. Buttermilch, vorzugsweise in anhaftender Weise enthalten.

Die Tafel- und die Dauerbutter.

In der Darstellung hochfeiner Butter hat die Provinz Schleswig-Holstein seit alten Zeiten,*) einen hohen Ruf, indeß wie weit man im Allgemeinen von der unfehlbaren Darstellung einer „feinen“ und „hochfeinen Tafel- und Dauerbutter“ entfernt ist, hat die Provinzial-Molkereiausstellung in Kiel, im Jahre 1884 und nicht weniger für Gesammt-Deutschland die internationale Molkereiausstellung in München, in demselben Jahre, zur Genüge bewiesen.

Das Molkereiwesen bietet einen äußerst werthvollen Zweig der Landwirthschaft, weil bislang die Vieh- und Butterpreise die verhältnißmäßig lohnendsten waren und an eine Ueberproduktion von Fleisch und Butter, d. h. feiner und hochfeiner Butter und vorzüglichem Käse, vorläufig kaum gedacht zu werden braucht. In Betreff der Fleischproduction u. s. w. mag beiläufig bemerkt werden, daß der Fleischvorrath des gesammten Viehstandes in Deutschland, in einem Mißverhältniß zu der Zunahme der Bevölkerung steht. Nach statistischen Angaben, die allerdings höchstens nur annähernd sein können, kommt in Deutschland im Mittel nur 69 Pfd., in Frankreich 74, in England 105 und in Nordamerika 120 Pfd. Fleisch auf den Einwohner.

Butterausfuhr von 1883—1888 im Mittel:**)

Frankreich	72	Millionen Mk.
Niederlande	45	„ „

---

*) Durch die Sturmfluthen des 16. Jahrhunderts und die verheerende Rinderpest von 1710—1717 wurden viele Milchwirthschafter Hollands gezwungen, ihr Vaterland zu verla ssen, worauf eine theilweise Ansiedelung in Schleswig-Holstein stattfand,

Dänemark	37 „ „
Deutschland	22 Millionen Mk.
Schweden	17 „ „
Nordamerika	16 „ „

Käseausfuhr von 1883—1888 im Mittel:

Nordamerika	110 Millionen Pfd.
Canada	68 „ „
Schweiz	61 „ „

Die Nordamerikaner, Canadier und Schweizer haben den anscheinend vortheilhafteren Zweig der Molkereiwirthschaft ergriffen und uns auf dem Felde der Käsefabrikation, wie obiger Ausweis zeigt, vollständig überflügelt.

Wenn Dr. v. Klenze in der Vorrede seines lehrreichen Werkes*) sagt: „daß unsere Käser mit Ausnahme etwa des Allgäus, kaum das Handwerkmäßige ihres schwierigen Gewerbes kennen, von Vorkenntnissen nichts wissen und daß im großen Durchschnitt höchstens $^1/_{10}$ aller Käsereiproducte als erste Qualität zu betrachten ist," so hat derselbe gewiß Recht und ist es hohe Zeit, daß dessen classisches Werk der größten Verbreitung unterzogen wird, wenn man auch aus Büchern und durch Zusehen keine handwerksmäßigen Fertigkeiten, event. praktische Darstellung hochfeiner Käse und Butter erlernen kann.

„Die Theorie ist die Grundlage der Praxis und nur Derjenige, der die Theorie vollkommen beherrscht, wird auch in der Praxis vollkommener Meister sein."

Es kann nicht geläugnet werden, daß wir in Deutschland, speciell in Schleswig-Holstein, ein großes wohlgeschultes praktisches Meiereipersonal besitzen, allein es fehlt demselben das naturwissenschaftliche Wissen, in Folge

und Pachtungen der Kühe der Großgrundbesitzer übernommen wurden. Die Großgrundbesitzer erzielten Pachtgelder, die sie selbst nicht zu erzielen vermochten und fanden in Folge dessen die Kühverpachtungen allgemein rasche Aufnahme. Die „Holländer" legten ihren Markt vorzugsweise nach Hamburg und Kopenhagen und wurde von dort aus der Ruf der hiesigen Butter unter dem Namen: „Schleswig-Holsteinische Hof-Butter" begründet.

Des Verfassers Großvater Roested, Capitän eines Chinafahrers (großen Segelschiffes), soll schon vor reichlich 100 Jahren von Kopenhagen aus jahrelang große Mengen Schleswig-Holsteinische Hofbutter in chinesischen rohrumsponnenen, feinen Porcellantöpfen mit eingeschliffenem Deckel, etwa 5—6 Pfund Butter fassend, verladen und in China wohlerhalten verkauft haben.

Der Name „Holländer" für „Meiereipächter" war vor circa 65 Jahren, in den Knabenjahren des Verfassers, noch die allgemeine übliche Bezeichnung.

**) Statistik des Bundes-Schatzamtes in Washington, Nordamerika, 1883—1887. Auszug in runden Zahlen.

*) Handbuch der Käserei-Technik, Verlag von M. Heinsius in Bremen.

dessen, so lange denselben keine Unregelmäßigkeiten oder Hemmnisse in den Weg treten, ganz vortreffliche Waare geliefert wird, sobald aber Hemmnisse auftreten, sind sie völlig rathlos, denn Ursache und Wirkung vermögen sie nicht von einander zu unterscheiden und ein sinnloses Rathen und Probiren nimmt seinen Weg, wodurch nicht selten ganz unberechenbare Verluste herbeigeführt werden. „Kleine Ursachen, große Wirkungen."

Nur die Praxis in Verbindung mit der Wissenschaft vermag jenen unberechenbaren Verlusten vorzubauen, denn gerade in dem Molkereiwesen treten so viele Ausnahmen auf, wie aus dem bereits Abgehandelten genügend hervorgehen dürfte, daß die Meiereileiter ohne naturwissenschaftliche Kenntnisse und namentlich chemische Kenntnisse, alle Augenblicke rathlos dastehen und in Folge dessen dann zeitweilig eine Waare erzeugen, die nichts weniger denn den Anforderungen des Händlers oder des Consumenten entspricht. Die Unmassen fehlerhafter Butter, namentlich Dauerbutter, abgesehen von fehlerhaften Käsen, welche an den Markt geliefert werden, müssen jährlich einen colossalen Gesammtverlust ergeben und liefern hierzu Belege die wöchentlichen Berichte der vertrauenswürdigsten Butterfirmen der großen Handelsstädte.

Noch vor reichlich 30 Jahren, zu welchen Zeiten käufliche Futterstoffe, Anbau von verschiedenen Rübenarten u. dgl. m. und künstliche Futterzubereitungs-Methoden weniger auf der Tagesordnung standen, war das Verständniß für die Vorgänge der Buttergewinnung u. s. w. weniger fühlbar und war es einer erfahrenen Hausfrau oder Meierin eben nicht schwer, eine gute event. feine Butter herzustellen, heutigen Tages, namentlich bei der Stallfütterung, haben die Butterproducenten mit einer künstlichen Ernährung zu kämpfen, denn der Neuerungen werden immer mehr und mehr und dieselben erschweren recht häufig die Producirung einer „feinen" und „hochfeinen Butter" und eines „gesunden Käse" im hohen Grade.

Außer der praktischen Heranbildung ist demnach die Heranbildung eines wissenschaftlichen Meierei-Personals unumgänglich nothwendig, damit dasselbe Ursache und Wirkung sehr wohl unterscheiden lerne, mit den Verrichtungen des thierischen Organismus, Ernährungsverhältnissen, Schädlichkeiten u. s. w. gründlich bekannt werde und sich von manchen gegen die Naturgesetze verstoßenden gedankenlosen Ueberlieferungen befreie; alsdann wird es nicht schwer werden, bei einiger Aufmerksamkeit und Umsicht vorhandene Milchfehler, Fehler der Handlungsweise oder unvorsichtig gemachte Mißgriffe, fehlerhafte Fütterungsweisen u. s. w. u. s. w., sofort richtig zu erkennen, geeignete Maßregeln zu ergreifen und Abhülfe zu schaffen.

In der neueren Zeit sind in dieser Beziehung werthvolle Institutionen mit ausgezeichneten Kräften in's Leben gerufen: milchwirthschaftliche Institute, Lehrmeiereien[1] und Meierei-Instructoren, denen sich anreihen möchten die landwirthschaftlichen Lehranstalten und landwirthschaftlichen Vereine.

Die Molkereiwirksamkeit der beiden letzteren Institutionen läßt nach den statistischen Forschungen des Verfassers, mit verhältnißmäßig wenigen rühmlichen Ausnahmen einiger Gegenden und landwirthschaftlichen Lehranstalten, zur Zeit noch eine große Gleichgültigkeit erkennen und mag solches theilweise darin begründet sein, daß im ersteren Falle Fachlehrer der Praxis und Demonstrationsmittel fehlen, im letzteren Falle der Werth dieses wichtigen Zweiges der Landwirthschaft mannigfach nicht richtig gewürdigt wird, oder auch weil dieser Zweig vorzugsweise zum Ressort der Hausfrau oder Meierin gehörte und größtentheils auch noch gehört, man derselben deshalb das hinlängliche Wissen zutraut und jenes Wissen hauptsächlich auf handwerksmäßige Fertigkeiten zurückführt. Der Verfasser hat denn auch in seinen zeitweiligen Vorträgen und Demonstrationen als erster privater landwirthschaftlicher Wanderlehrer in Schleswig-Holstein,*) speciell in den Landschaften Angeln und Schwansen, von 1847—1877, in allen landwirthschaftlichen Vereinen gefunden, daß dieselben sehr geringen Nutzen bewirkten, wenn die Versammlungen nicht vorzugsweise von eingeladenen Milchwirthschafterinnen besucht waren. Im letzteren Falle war das Interesse stets ein äußerst reges und die schließliche Unterhaltung eine gegenseitig lehrreiche und nutzbringende.

Also: „Vorwärts mit vereinten Kräften."

Nach vorstehender, beiläufigen Einleitung über Butter 2c. und milchwirthschaftliche Verhältnisse sollen die erforderlichen nachträglichen Bemerkungen über den Unterschied zwischen Tafel- und Dauerbutter und über die Behandlung derselben, soweit solches noch nicht in dieser Schrift geschehen ist, mit möglichster Vermeidung von Wiederholungen gegeben werden.

Die Tafelbutter erfordert allemal einen gewissen Gehalt an Käsestoff und Milchzucker nebst recht vielem Aroma, wodurch der Hochgenuß

---

*) Historisches Interesse dürfte behalten, daß im Jahre 1847 die segensreich wirkende Institntion der landw. Wanderlehrer von dem um die Popularisirung der landw. Chemie, der Schriften von Justus v. Liebig u. s. w. hochverdienten weil. Prof. Dr. Stöckhardt zu Tharand, in Deutschland, speciell im Königreich Sachsen, begründet wurde und derselbe als erster privater landwirthschaftlicher Wanderlehrer auftrat.

oder der eigenthümliche Wohlgeschmack bedingt, die Haltbarkeit aber, aus bekannten Gründen, beschränkt wird. Die berühmte hochfeine Butter der Alpen, demnächst die der Umgebungen von London, Paris, Wien u. s. w. und die der zahlreichen Schleswig-Holsteinischen Guts- und Bauern-Wirthschaften, liefert hierzu den Beleg.

Die „hochfeine Tafelbutter"*) muß speciell einen reinen nußkernsüßen Geschmack, feinen aromatischen Geruch, kernige Consistenz, Gleichmäßigkeit in ihrer Masse, mäßigen Feuchtigkeitsgehalt und bei der Weide- oder Grünfütterung eine haferstrohgelbliche Farbe zeigen; Reinheit und Sauberkeit sind bei jeder guten Butter unumgängliche Zugaben. Der Salzgehalt hat den Wünschen der Consumenten zu entsprechen.**)

Die Dauerbutter darf Käsestoff, Milchzucker und Milchsäure nur auf das geringste Maß beschränkt, besser gar nicht, besitzen, denn jene bedingen neben dem Sauerstoff der atmosphärischen Luft die vorzeitige, ölige event. baldige Ranzigkeit der Butter.

Um demnach „feine" und „hochfeine Tafelbutter" zu bereiten, wird man alle früheren und späteren Mittheilungen sorgfältig berücksichtigen, außerdem aber gute Entfernung event. Ausknetung der Buttermilch durch Kochsalz oder besser mit mäßigen Mengen Wasser veranlassen und sich hierauf auf die Behandlung mit Kochsalz weiter beschränken, wenn es sich aber um Dauerbutter handelt, wird man alle früheren oder später in Frage kommende Mittheilungen auf das peinlichste berücksichtigen und die Entfernung der Buttermilch event. des Milchzuckers und der Milchsäure, soweit solches bis auf etwaige Spuren ermöglicht ist, durch ein 2- und 3maliges, höchstens aber 4maliges Auswaschen event. Durcharbeitung mit jedesmaligem recht frischem und nur bei starker Winterkälte mit lauwarmem Wasser zwischen 20—30° C. bewerkstelligen.

Der mit dem Butterfette bereits mechanisch innig verbundene Käsestoff läßt sich weder durch Auswaschung noch durch Kochsalz und Knetung, überhaupt durch keine Operation mehr entfernen, höchstens werden äußerst geringfügige Spuren desselben mechanisch entfernt werden. Hauptsache bei der Dauerbutter bleibt die möglichste Beseitigung der Buttermilch event. des Milchzuckers und der Milchsäure und daß bei der früheren Abscheidung

---

*) Bekanntlich geben manche Kühe, auch bei der trockenen Winterstallfütterung, eine ausgezeichnet schöne gelb gefärbte Butter. Derartige Kühe zeichnen sich durchschnittlich dadurch aus, daß sie mehr und minder gelblich gefärbte Ohren, Augenringe und Unterschwanzhaut besitzen und orangengefärbte, kleienartige Schüppchen am Euter absondern, gleichzeitig stehen dieselben in dem Ruf sehr fetter Milchabsonderung.

**) Vgl. das gediegene Werk von Prof. Dr. Kirchner in Göttingen, Lehrbuch der Molkereiwirthschaft.

des Käsestoffs durch das Ansäuerungsmaterial und Verbindung desselben mit den Butterkügelchen, derselbe auf das geringste Maß, mithin auf etwa 0,3 pCt. beschränkt worden ist.

Eine überflüssige Auswaschung ist wegen der Consistenz der Butter zu vermeiden. Lackmuspapier giebt bei der Auswaschung und Bearbeitung der Butter immer genauen Anhalt und ist dessen Verwendung bei der Darstellung einer Dauerbutter unerläßlich; es ist für die verdünntesten Säuren ein hinreichend sicherer Führer und bleibt die Färbung zweifelhaft oder besser durchaus unverändert, so darf man sich überzeugt halten, daß die Buttermilch und der Milchzucker in derselben, so weit solche beseitigt werden können, mit der sauer reagirenden Milchsäure beseitigt sind und in der Butter selbst, die erforderliche, gleichmäßige Vertheilung des gelösten Kochsalzes stattgefunden hat.

Nur in dieser Weise ist bei baldigem, sorfältigen Abschluß der Butter gegen die atmosphärische Luft und das Licht und Innehaltung aller Vorsichtsmaßregeln bei der Milch von vornherein, dem Rahm, der Ansäuerung, der Reifung und Abbutterung des Rahms, der Bearbeitung, Salzung, Verpackung und Aufbewahrung, eine vorzügliche Dauerbutter zu erlangen, die nach Aufbewahrung von ein bis zwei Jahren noch immer eine „feine Tafelbutter" abgiebt. Die bisweiligen Bekenntnisse bald von Milch- und Meierei-Wirthschaftern, bald von Hausfrauen und Meierinnen, daß man zeitweilig eine vorzügliche Dauerbutter, zeitweilig und auch wohl wechselnd nur eine vorzügliche Tafelbutter von nicht wünschenswerther Haltbarkeit zu erlangen vermöge, erklärt sich auf die einfachste Weise aus dem Vorhandensein und den Eigenschaften der feindlichen Kräfte: Käsestoff, Milchzucker, Milchsäure und atmosphärischer Luft.

Der Glaube, daß nur von 50, 100 und mehr Milchkühen eine hochfeine Tafel-, andererseits Dauerbutter gewonnen werden könne, ist durch die sehr gestrengen Herren Preisrichter der Kieler Molkereiausstellung 1884 gründlich widerlegt, indem kleine Wirthschaften mit 5—10 Kühen jenes Prädikat erwarben. Der Unterschied, der von vorne herein und bislang zwischen Hof- und Bauern-Butter gemacht wurde, ist demnach ein überwundener Standpunkt; es giebt eben hochfeine Hofbutter und mäßige Bauernbutter und hochfeine Bauernbutter und mäßige Hofbutter.

Die präservirte Butter.

Einer in Geschmack, Geruch, Consistenz und Farbe tadellosen Butter, bei der es gleichgiltig ist, ob dieselbe trotz Unterschieds aus süßem oder säuerlichem Rahm hergestellt und von welcher der Butterhändler nach gründlicher Prüfung voraussetzt, daß dieselbe gleichzeitig möglichst rein von Käsestoff und Milchzucker und sehr lange haltbar sein wird, hat man wie bereits früher erörtert, den Namen „präservirte Butter“ gegeben.

Diese Butter wird am meisten aus der im Spätsommer und Herbst von Weidevieh gewonnenen Butter (Stoppelbutter) ausgesucht, weil die Erfahrung seit einer langen Reihe von Jahren gelehrt hat, daß sich die in jener Zeit gewonnene und sorgfältig hergestellte Butter besonders haltbar gezeigt hat. Man verpackt jene Butter in Blechdosen und benutzt dieselbe vorzugsweise für den Export nach ostasiatischen Ländern, für die Marine und für Handelsschiffe, welche lange Reisen zu machen haben.

Daß eine sorgfältig bereitete Butter (präservirte Butter) sich sehr lange im guten Zustande erhalten kann, dafür haben wir vortreffliche, ganz unzweifelhafte Belege durch das Preisrichter-Collegium, laut Katalog aus der Münchener Molkereiausstellung 1884, denn es wurde von derselben gefunden, daß der Dauerbutter der Firma J. W. Seibel in Kiel 5/4 Jahre alt, das Prädikat „hochfein“, der der Firma Ahlmann & Boysen in Hamburg 5/4 Jahre |andererseits gegen 3 1/2 Jahre alt, das Prädikat „fein“ bezeugt werden mußte.

Die Centrifugenrahm-Butter.

Bestätigt ist, daß in größeren Wirthschaften oder Guts-Wirthschaften mit Centrifugenbetrieb unter einheitlicher, musterhafter Haltung des Milchviehstandes und vorzüglicher Leitung der Butterproduction eine hochfeine Tafel- und Dauerbutter hergestellt werden kann, wogegen dies in Betreff der Butter aus Centrifugen-Sammelmeiereien in der Weise nicht gesagt werden kann. Ausnahmsweise dürfte die Darstellung dieses hochfeinen Produktes zeitweilig auch in diesen Meiereien gelingen, in der Regel wird dieselbe jedoch auch den geschicktesten und erfahrensten Butterproducenten mißlingen, wegen der zahlreichen abnormen Verhältnisse namentlich im Winterhalbjahr in den Wirthschaften bald des einen, bald des anderen Lieferanten, deren Aufzählung überflüssig sein dürfte. Hier wird namentlich in Bezug der theilweise schlechten Einstreu und der unsauberen Euter, sehr schwierig Wandel zu schaffen sein.

Die Unmassen theilweise Kuhkoth, welchen man zeitweilig in den Centrifugen antrifft, und der, nachdem die Vollmilch durch 5—6 feine Siebe gegangen ist, im Extrakt größtentheils in der Mager- und Buttermilch verbleibt, grenzen oft an das Unglaubliche.*)

Zur Bestätigung der bisherigen mehrjährigen ungünstigen Erfahrungen des Verfassers mit der sonst guten, reinen Sammelmeierei-Centrifugenrahm-Butter, wandte derselbe sich an 4 erfahrene Butterkenner und Inhaber großer Buttergeschäfte auf deren zustimmende Antworten, die eines auf allen großen und kleinen Molkereiausstellungen in Deutschland, sehr gesuchten Preisrichters vom 12. Juni 1886 folgen mag: „Bis jetzt habe ich noch keine Centrifugen-Butter aus Sammelmeiereien gefunden, die sich längere Zeit hat halten können und habe ich davon in Blechdosen schon seit Jahr und Tag nichts mehr packen lassen. Es ist aber unzweifelhaft, daß in Gutswirthschaften durch die Centrifuge, aber auch nur bei musterhafter Leitung in allen Beziehungen, eine hochfeine und haltbare Butter hergestellt werden kann.“

„Es freut mich, daß Ihre milchwirthschaftliche Schrift die 4. Auflage bereits erreicht hat; möchte man nur in Deutschland jenen Bestrebungen mehr Beachtung schenken.“

Nachdem es Dr. de Laval gelungen ist, einen Hand-Separator für 250 Mk. herzustellen, der angeblich bereits schon mit erheblichem Vortheil für einen Besitz mit 5—6 Kühen oder 2 Nachbarn jeder mit 3—4 Kühen zu benutzen ist und mit dem man speciell wie in den Centrifugen-Sammelmeiereien die großen Vortheile erreicht, daß

1. der ganze Betrieb ein gesicherter wird;
2. besondere Kellereinrichtungen und das Sattenverfahren fortfallen;
3. eine größere Ausbeute an Rahm und Butter und eine reine hochfeine Butter, vorausgesetzt, daß allen anderweitigen Erfordernissen Rechnung getragen ist, erhalten wird und
4. centrifugirte abgerahmte Milch frisch, gut gekühlt lange haltbar,

ist ein großer Fortschritt angebahnt.

Diesen Handseparatoren steht auf dem platten Lande voraussichtlich eine Zukunft in Aussicht, um so mehr, als Rahm-Sammelmeiereien ähnlich den Milch-Sammelmeiereien für den betreffenden Bezirk nicht allein eine gleichmäßige Butter liefern, sondern auch eine derartige Meierei wesentlich weniger Anlagekapital, weniger Auslagen für Personal u. dgl. erfordert, die ziemlich kostbaren Anschaffungen von den vielen Gefäßen der Genossenschaftler, beseitigt werden und endlich der Transport des Rahms im Ver-

*) Die mannigfachen Klagen über Sterblichkeit oder Nichtgedeihen der Aufzuchts-Kälber bei jener Magermilch ist voraussichtlich auf die rasche Zersetzung derartiger verunreinigter Milch zurückzuführen. Alle Bedingungen zur schnellen Zersetzung der Milch werden unter jenen Verhältnissen in der günstigsten Weise dargeboten.

hältniß zur Milch eine ganz besondere Erleichterung gewährt. Rindviehaufzucht, Schweinezucht und Schweinehaltung würden dann einen wünschenswerthen Aufschwung nehmen, anstatt daß dieselben gegenwärtig in jenen Bezirken in mehr und minder beschränkter und bedauerlicher Weise zurückgehen.

Mehrere über den Handseparator in kleinen und Mittel-Wirthschaften höchst beachtenswerthe Abhandlungen findet man im „Landwirth", Breslau Jahrgang 1888, unter anderm von Molkerei-Director Reinsch in Breslau.

Die gewissermaßen seuchenhafte Begründung von ländlichen Centrifugen-Sammelmeiereien ist leider anscheinend begründet in zeitiger, mäßiger und vorzeitig gänzlich mangelnder Buchführung, in Bequemlichkeit, Genußsucht, Modesucht und schließlich mißlichen Dienstbotenverhällnissen.

Städtische Genossenschafts-Centrifugen-Sammelmeiereien sind ein großes Bedürfniß für den Städter und schädigen den Milchproducenten oder Genossenschaftler der Umgegend, weil hier die Verhältnisse vortheilhafter liegen, angeblich nicht in dem üblichen Reinertrag, aber in den Bequemlichkeiten, welche sie bieten.

Die Schmalz-Butter oder das Auslassen der Butter.*)

Diese Schmalzbutter ist in Süd-Deutschland sehr beliebt und außerordentlich, mindestens 1 Jahr lang haltbar, indem der Käsestoff, der Milchzucker und die Milchsäure aus der Butter entfernt werden. Die Darstellung ist einfach: frisch hergestellte, gut bearbeitete Butter ohne Salzung, wird des Morgens in ein verzinntes oder Porcellangefäß gegeben und in ein anderes Gefäß mit Wasser gestellt, welches auf eine Temperatur zwischen 40—45° C. gebracht und unterhalten wird. Nachdem die Butter geschmolzen und alle fremden Bestandtheile zu Boden gefallen sind, was des Nachmittags geschehen sein wird, wird dieselbe klar durch feine Leinwand in das dafür bestimmte Standgefäß geseiht, wobei der Bodensatz sorgfältig gesondert gehalten wird. Das Standgefäß wird, nachdem die Schmalzbutter erkaltet ist, luftdicht verschlossen.

Die Brat-Butter.

Vor ca. 50 Jahren wurden am Billwärderdeich bei Hamburg von einer chemischen Fabrik im Nebengeschäft, tausende Pfunde verdorbener Butter alljährlich aus Hamburg und Altona, bezogen und daraus eine recht gute und recht erhaltbare Brat-Butter hergestellt. Die seiner Zeit geheim gehaltene, sehr gute Vorschrift, nach welcher die verdorbene Butter

*) 1 Pfund = 500 g Schmalzbutter mit 75 g Wasser und 20 g Kochsalz innig gemischt liefern ein sich mehrere Wochen lang haltendes, reines, wohlschmeckendes Butterfett.

behandelt und in Brat-Butter verwandelt wurde, war folgende: mehrere angemessene Kessel, zur Hälfte mit Wasser gefüllt, wurden erwärmt und hierin die zerschnittene verdorbene Butter gegeben, bis sie unter Umrühren eine dickbreiige, nicht geschmolzene Masse, bildete. Die dickbreiige Buttermasse wurde in andere Kessel geschöpft und neue Butter in gleicher Weise behandelt. Die umgeschöpfte Butter wurde nunmehr mit lauwarmem Wasser unter Umrühren so lange behandelt, bis die sehr saure Reaction der vorhandenen Buttersäuren auf Lackmuspapier in eine völlig neutrale Reaction umgewandelt und damit die Beseitigung der Säuren bestmöglichst herbeigeführt war. Jetzt wurde das Butterfett mit frischgemelkter oder süßer Milch und Magnesia (auf etwa 1 Doppelliter 2 gehäufte Theelöffel voll gepulverte kohlensaure Magnesia) bis nahe zur festen Consistenz gerührt, dann mit Salzwasser ausgeknetet, schließlich auf 100 Pfd. mit 4 Pfd. Kochsalz und etwas Farbstoff versetzt und hinreichend geknetet in Gebinde gebracht.

Einfacher werden die Buttersäuren voraussichtlich zu entfernen sein, wenn man die betreffende Butter bei 40—45° C. mit kohlensaurer oder besser gebrannter Magnesia übersättigt oder im Ueberschuß neutralisirt und nunmehr wie Schmalzbutter behandelt.

Das Aroma der Butter.

Das Aroma der Butter ist in Schwefelkohlenstoff, wenig in starker Kochsalzlösung, nicht in Wasser löslich, kann mithin durch Wasser nicht oder doch nur in homöopathischen Spuren ausgewaschen werden, dagegen wirkt Zutritt der atmosphärischen Luft verflüchtigend und Zutritt des Lichtes chemisch zersetzend auf das Aroma.

Die Parfümeriefabrikanten Italiens und Süd-Frankreichs vermeiden während und nach der Fabrikation der Parfüme oder ätherischen Oele, — Aromas, mit der peinlichsten Sorgfalt Zutritt der Luft und des Lichtes, weil ihnen die Erfahrung gelehrt hat, daß jedes Aroma durch jene Einflüsse in Quantität und Qualität beeinträchtigt wird; vortreffliche Fingerzeige, das Butterfett möglichst bald gegen Luft und Licht zu schützen.

Zur gründlichen Beurtheilung des Geruches gehört eine lange und strenge Schulung des Geruchssinnes und findet man solche vorzugsweise in speciellen Fachkreisen, also bei Apothekern, erfahrenen Butterhändlern und Meierinnen, Droguisten, Handels-Chemikern, Hopfen-, Tabak- und Weinhändlern, namentlich Weinprüfern.

Bei einer hochfeinen Tafel-Butter kommt das Aroma ganz besonders in Betracht, dasselbe ist jedoch seit etwa 60 Jahren auf Kosten anderweitiger Rentabilitäten nach und nach, sowohl bei der Weide- wie bei der Stall-Butter, beeinträchtigt. Um jene Zeit sprachen sich alte hervorragende Milchwirthschafter dahin aus, daß das hochfeine, starke Aroma der Butter durch die seiner Zeit allgemein rasch steigende Aufnahme des künstlichen Gras- und Kleearten-Anbaues eine Beeinträchtigung finden werde. Die alten Praktiker haben anscheinend Recht behalten, denn nachdem die naturwüchsigen, gras- und kräuterreichen Weiden verschwunden und man immer mehr und mehr auf Reinhaltung des Ackers, künstlichen Anbau von Gras-, Klee- und Rübenarten u. dgl. m., Stallfütterung mit Fabrikationsrückständen, Rüben und allerlei nicht naturgemäßen sogenannten Kraftfutterstoffen, sauren und sog. süßen Gährungs-Futterstoffen übergegangen ist und damit im Allgemeinen die Güte der Milch und der Butter benachtheiligt hat, ist eine derartige hochfeine, reich-aromatische Butter, wie solche nur noch in Gebirgsgegenden und Thälern mit perennirenden Weiden vorkommt, theilweise abhanden gekommen und ist dem Verfasser solches von alten bewährten Butterkennern aus jener Zeit, bereits vor circa 30 Jahren, vielfach bestätigt. Durch die Ansäuerung und den Gährungsproceß des Rahms wurden aus jenen von dem thierischen Organismus verarbeiteten naturwüchsigen Gräsern und Kräutern voraussichtlich anderweitige eigenthümliche „Fermentolea“ erzeugt, die eben das hochfeine Aroma hervorriefen.*)

Das Kochsalz.

Das Kochsalz ist ein wichtiger Conservator der Butter, kann aber Unheil anstiften, indem dasselbe der Butter einen üblen Beigeschmack verleihen kann. Viele Sorten Kochsalz enthalten Chlormagnesium und Chlorcalcium-Verbindungen, welche einen widerlich bittern Geschmack hervorbringen. Zum Salzen der Butter muß demnach stets ein chemisch reines, feinkörniges, trockenes Kochsalz verwandt werden.

Feuchtes Kochsalz, wenn dasselbe nicht feucht gestanden hat, erregt immer den Verdacht, die obigen schädlichen Verbindungen zu enthalten.

---

*) In den Landschaften Angeln und Schwansen ist von den hervorragendsten Milchwirthschafterinnen die Erfahrung gemacht, daß ältere und alte Weiden die feinste und hochfeinste Butter liefern, weil eben dort vorzugsweise nur Naturgräser und Kräuter wachsen. In England wird ebenfalls von allen Autoritäten die Behauptung aufgestellt, daß seitdem durch Drainage, starke Düngung, gartenmäßiges Behandeln der Ackerländereien u. dgl. m. die Qualität der Gras- und Futterkräuter eine Veränderung erfahren haben, die feinen englischen Hartkäse nur dort hergestellt werden können, wo jene Cultur noch nicht in der intensiven Höhe eingeführt ist oder wegen localer Verhältnisse nicht hat eingeführt werden können.

Der Zusatz des Kochsalzes zur Butter muß sich nach dem Geschmack der Consumenten richten und beträgt gemeiniglich zwischen 2—4 pCt.

Die innige Mischung (angeblich Diffusion) der Salzlauge ist in einer Zeit von 2—3 Stunden, bei sorgfältiger Bearbeitung der Butter, — Eile mit Weile —, in der günstigsten Weise zu bewerkstelligen. Diffusion ist ein physikalischer Vorgang und hat mit jener rein mechanischen innigen Mischung, wie solche bei dem Butterfette mit dem Kochsalz bewerkstelligt wird, nichts gemein. Diese mechanische innige Mischung mit dem leicht löslichen Kochsalze kann in angegebener Zeit bestens durchgeführt werden.

Auf die richtige Salzung ist hoher Werth zu legen und wie bereits angedeutet, dem Geschmack des Consumenten, aber auch der Conservirung der Butter, Rechnung zu tragen. Entfernt man aus dem Butterfette vor der Salzung die Flüssigkeit oder die Buttermilch auf etwa 15—16 pCt. und setzt 5 pCt. feinkörniges Kochsalz hinzu, so lösen sich dieselben unter Bearbeitung sehr schnell, denn 5 G.-Thl. Kochsalz bedürfen nur 15 G.-Thl. Wasser, — ein Gehalt von Wasser, wie er ohne Anstoß nicht selten in der fertigen Butter vorkommt. Zusätze von 4 und 3 pCt. Kochsalz lösen sich selbstverständlich noch leichter und darf man voranschlagen, daß etwa 2 pCt. von dem Kochsalz bei der Bearbeitung in der Salzlauge verloren gehen.

Die zahlreichen Untersuchungen der im Handel vorkommenden feinen Butter-Lieferungen haben gewöhnlich zwischen 2—3, höchstens reichlich 3 pCt. Kochsalz und zwischen 10—15 pCt. Wasser ergeben.

Gewöhnlich wird eher zu wenig, als zu viel Kochsalz genommen und besteht daher recht häufig die Klage der Butterhändler, daß die betreffende Butter bei sonst allen guten Eigenschaften, nicht kräftig genug schmecke.

Mit der zeitraubenden trockenen Behandlung der Butter mit Kochsalz, anstatt der früheren und auch zeitig noch zahlreich beibehaltenen 2 bis 3maligen Auswaschung und Bearbeitung mit Wasser vor der Salzung, hat der Verfasser sich niemals befreunden können; man bedarf bedeutend mehr Kochsalz, die Entfernung der Buttermilch ist langweilig und liegt die Gefahr einer Ueberarbeitung der Butter in Folge dessen nahe, die in der That dann auch öfter vorkommt, außerdem ist eine möglichst rasche Verpackung längstens in 4—5 Stunden, mithin möglichst baldiger Abschluß der atmosphärischen Luft und des Lichtes von der Butter, nahezu ausgeschlossen. Diesem nach dürfte bei der Butter für den Export die vorläufige Auswaschung mit recht kaltem frischem Brunnenwasser und demnächst Salzung, angelegentlich zu empfehlen sein.

Wässerung und Bearbeitung mit Kochsalz wirken in der günstigsten Weise auf die Beseitigung der verderbenbringenden Stoffe.

Sobald jede Säure entfernt, ist in der Regel auch die Mischung mit Kochsalz eine vollständige und hat man sich vor Ueberarbeitung zu hüten, indem die Butter dann in den Poren außer Salzlauge gleichzeitig Luft führt welche zur baldigen Verderbniß der Butter Veranlassung giebt.

In früherer Zeit und noch vor etwa 50 Jahren kannte man im Allgemeinen keine trockene Behandlung mit Kochsalz und wurde doch, wie auch noch jetzt in zahlreichen Wirthschaften, eine vorzügliche Dauerbutter hergestellt. Die dänischen Milchwirthschafter bearbeiten ihre hochfeinste Tafelbutter vor der Salzung mit vielem Wasser, ihre Dauerbutter jedoch ohne Wasser und ist der Verfasser geneigt zu glauben, daß letzteres Verfahren auf Vorurtheil beruht.

Die Behandlung des dem Butterfasse entnommenen Butterfettes mit sofortiger Bearbeitung mit Kochsalz wurde vor reichlich 45 Jahren von meinem derzeitigen väterlichen Freunde, dem in der milchwirthschaftlichen Literatur rühmlichst bekannten Molkerei-Schriftsteller Martens, Guts-Inspektor zu Ellenberg, Rittergut Loitmark, in der Landschaft Schwansen, in Wort und Schrift warm empfohlen und fand rasche große Verbreitung, gleichzeitig aber auch damit häufige Ueberarbeitung der Butter, zu lange nachtheilige Aussetzung derselben der Luft und dem Lichte, bald von der einen, bald der andern Butterung ungleiche Salzung und schließlich anscheinend Beeinträchtigung des Aromas.

In reichlich 15 Wirthschaften der Landschaft Angeln und Schwansen, abgesehen von andern Molkereiwirthschaften, in denen der Verfasser 18 Jahre hindurch in Veranlassung einiger Butterfirmen Hamburgs, Wandsbecks u. s. w. zeitweilig verkehrte, wurde das Butterfett, nachdem alle und jede Umsicht in der Behandlung der Milch, des Rahms u. s. w. beobachtet worden, vor der Salzung 2—3 mal mit frischem Brunnenwasser ausgewaschen und erhielten dieselben theils für ihre Tafel-, theils für ihre Dauerbutter in der Regel den höchsten Hamburger Marktpreis. Frisches Brunnenwasser übt auf die Qualität der Butter stets einen äußerst günstigen Einfluß, was anscheinend dem Kohlensäuregehalte desselben zugeschrieben werden muß. Der Feinschmecker unterscheidet leicht von ein und derselben Butter, zwischen Butter, welche trocken mit Kochsalz oder mit abgestandenem Wasser, andererseits mit frischem Brunnenwasser und demnächst Salzung behandelt ist.

Im Interesse der Sache wird hoffentlich die schlechte von den Voreltern vererbte, allgemeine Mode oder Sitte die Butter nach dem Salzzusatz 12—24 Stunden lang und länger zeitweilig zu bearbeiten und angeblich diffundiren zu lassen, allmälig einer bessern Einsicht weichen und dem von mir vorgeschlagenen blauen Lackmuspapier bei der Butterbearbeitung sein Recht eingeräumt werden.*)

Die Verpackung und Aufbewahrung der Butter.

Das Holz, am besten Buchenholz zu den Gebinden muß gut ausgelaugt, trocken und am besten 1 Jahr alt sein. Vor dem Einschlagen oder Einstampfen der Butter muß das Gebinde mehrere Tage mit starker Kochsalzlösung gestanden haben. Blechdosen müssen mit warmer, starker Sodalösung und Wasser sorgfältig gereinigt, mit starker Kochsalzlösung nachgespült und sofort mit der betreffenden Butter gefüllt werden.

Wenn, wie bereits mehrfach erörtert, Käsestoff und Milchzucker schon ohne Luftzutritt die Entmischung der Butter einzuleiten fähig sind, so geht dieser Proceß rascher vor sich, wenn dem Sauerstoff der atmosphärischen Luft unverwehrter Zutritt gestattet wird. In den großen Meiereien, wo die Gebinde auf einmal mit Butter gefüllt werden, ist dieses ein großer Vortheil für die Haltbarkeit der Butter, denn der Luft wird dann bei baldiger Verpackung, welche bei der Dauerbutter nach einer Abkühlung von 2—3 Stunden, bei der Tafelbutter nach einer Abkühlung von von 4 bis 5 Stunden, die nöthigenfalls in einem Eisschrank geschehen sollte, möglichst wenig Zutritt gestattet. Soll die Butter über 3—5 Stunden liegen, so muß empfohlen werden, dieselben in Dunkelheit unter einer Kochsalzlösung von 3—5 pCt. aufzubewahren.

In solchen Wirthschaften, wo die Gebinde erst nach 2, 3, 4 Abbutterungen gefüllt werden können, kann, vorzugsweise aus angedeutetem Grunde, keine gleichmäßige und möglichst lange haltbare, vorzügliche Butter abgeliefert werden. Die Praxis liefert hierzu die Belege. In kleinen Bauern-Wirthschaften hat man sich denn auch mannigfach auf kleinere Gefäße von 8, 9 u. s. w. Pfund Inhalt oder Postpacket-Gewicht von 10 Pfund, beschränkt, um dieselben nach jeder Butterung füllen zu können und sind dieselben damit zur Lieferung von nicht allein vorzüglicher Tafelbutter, sondern auch vortrefflicher Dauerbutter gelangt.

---

*) In einigen Gegenden Hollands, Englands u. s. w. ist es gebräuchlich, der Butter neben Kochsalz, Kalisalpeter und weißen Zucker, fein gepulvert 0,5 bis 0,75 pCt., zuzusetzen. Diese Zusätze haben für die Haltbarkeit der Butter, weil sie beide vortreffliche Conservirungsmittel sind, entschieden keinen Nachtheil und bleibt es Geschmackssache, jene also behandelte Butter wohlschmeckender zu finden.

Die verhältnißmäßig billigen Butterknetbretter (Preis 12 Mk.) verdienen für mittlere Milchwirthschaften die beste Empfehlung.

Bei der Dauerbutter ist auf den luftdichten Verschluß der höchste Werth zu legen, denn der fehlerhafte Verschluß trägt gerade nicht selten die Veranlassung der baldigen Verderbniß der Butter und ganz besonders dann, wenn nicht der Käsestoff und der Milchzucker bestmöglichst entfernt sind. Je mehr Käsestoff und Milchzucker eine Butter enthält, desto mehr Wasser hält dieselbe gebunden und desto poröser und empfänglicher ist sie für Sauerstoffaufnahme, wodurch mithin die Gefahr der baldigen Entmischung oder Verderbniß der Butter eine wesentlich größere wird.

Am besten gegen den vorläufigen Abschluß der atmosphärischen Luft hat sich bewährt, nachdem das Gebinde gehörig mit starker Kochsalzlösung getränkt worden ist, ein ganz genau zugeschnittenes feines Leinwandläppchen, gut getränkt mit starker Kochsalzlösung und dick bestreut mit trockenem Kochsalz auf den Boden des Gebindes zu legen, dann nachdem man das Gebinde sorgfältig, recht gleichmäßig fest mit Butter gefüllt hat, ein ähnlich zugeschnittenes und in obiger Weise behandeltes feines Leinwandläppchen auf die Butter zu legen, wodurch dann vorläufig der Sauerstoff der atmosphärischen Luft durch die entstehende concentrirte oder starke Kochsalzlösung abgeschlossen wird. Bei der Versendung wird man nöthigenfalls den oberen Leinwandlappen mit neuem, trockenem Kochsalz versehen und den Deckel möglichst luftdicht schließen.

Die nachtheilige Wirkung des Sauerstoffes der atmosphärischen Luft bei unvollständigem Abschluß in der Aufbewahrung der Butter, ist zur Genüge bekannt, ebenfalls die vorzügliche Haltbarkeit guter Butter in sorgfältig verschlossenen, luftdichten Blechbüchsen*) bestätigt; wenn nun-

*) Man hat in neuerer Zeit mannigfache, theilweise patentirte Blechdosen, unter anderm mit Gummiring und gut schließendem Deckel, die ohne Löthung, dagegen mit einer Zange zu benutzen sind, in den Handel gebracht, indessen abgesehen von manchen Unzuträglichkeiten und Unbequemlichkeiten sind dieselben nicht ohne Gefahr wegen der in allen Blechdosen vorkommenden mikroskopischen Poren, weshalb zu empfehlen sein dürfte, lackirte, einfache Blechdosen mit gut schließendem, überfassendem Deckel und Vorrichtung, daß derselbe sich nicht verschieben kann. Nach Anfüllung der Dose mit Butter wird der Deckelrand und demnächst die ganze Dose mit einem billigen, rasch trocknenden Firniß lackirt und somit luftdicht verschlossen. Bei Einmachegegenständen geschieht die Lackirung nach der Kochung.

Die Vorzüge dieser Dosen sind folgende:

1. luftdichter Verschluß;
2. Schutz gegen den verderblichen Rost;
3. Bequemlichkeit der Oeffnung und rascher luftdichter Verschluß wiederum durch Bestreichen des Deckelrandes mit dem billigen Firniß oder einer beliebigen, schnell trocknenden Farbe;
4. ein gefälliges Aeußere und
5. die größte Billigkeit der Dosen.

mehr ein frisches Butterfett 12 Stunden lang und länger der atmosphärischen Luft und dem Lichte unter der üblichen zeitweiligen, namentlich trockenen Behandlung mit Kochsalz, dem ausgebreitetsten Einflusse ausgesetzt wird, so wird jener Zeitaufwand als eine gedankenlose Ueberlieferung event. Verkennung der Wirkung des Sauerstoffes der atmosphärischen Luft und des Lichtes anerkannt werden müssen, um so mehr, als sich jene Operation in 3—4 Stunden bestens durchführen läßt.

Die Färbung der Butter.

Die beliebige Färbung der Butter geschieht heutigen Tages in den größeren Milchwirthschaften anscheinend vorzugsweise mit dem bekannten schönen Farbstoff der Früchte des Orlean-Baumes, Bixa Orellana, in neuerer Zeit Annatto, erinnernd an „anallerO", getauft. Der Orlean bildet eine braunrothe, übelriechende, ekelhaft süßlich, alkalisch schmeckende, teigartige Masse und verräth der Geruch, daß der Orlean an der Quelle und auch wohl später bei etwaiger Austrocknung, mit faulendem Urin behandelt wurde, um den besonders färbenden löslichen Farbstoff in Lösung zu halten und dadurch das ganze dem Auge wohlgefälliger erscheinen zu lassen. Faulender Urin enthält bekanntlich Ammoniak. Seit der Existenz der Anilinfarben ist der Orlean in den Färbereien vollständig verdrängt, hat dagegen leider zur Butterfärbung Aufnahme gefunden. Der Verfasser hat seiner Zeit zur Band- u. dgl. Färberei viele Hunderte Pfunde Orlean verkauft und nicht selten jene angedeutete Manipulation mit demselben vornehmen müssen. Die anfängliche, allmälig zunehmende Behandlung der Butter mit der teigartigen Orleanmasse, fand einige Zeit lang bedeutende Einschränkung, nachdem jene Butterproducenten nach und nach die ekelhafte Behandlung des Orlean in Erfahrung gebracht hatten. Inzwischen bemächtigte sich die Speculation des Farbstoffes und beschaffte unter dem Namen „Annatto" ein sehr bequem zu verwendendes Präparat, wogegen die Butterproducenten, der Verfasser nicht ausgeschlossen, sich der Täuschung hingaben, daß ein neuer unschuldiger Farbstoff entdeckt worden sei und somit, wie man zu sagen pflegt, vom Regen unter die Traufe fielen.

Die Annatto-Lösung oder flüssige Butterfarbe wird heutigen Tages mit unwesentlichen Abweichungen bereitet aus 2—3 Gew.-Theilen Orleanmasse und 1 Gew.-Theil Curcumawurzel, welche mit einem unappetitlichen Pflanzenöle: Raps-, Rübsen-, Lein- oder Hanf-Oel u. dgl. m., erhitzt werden um theils die Farbstoffe des Orlean und der Curcumawurzel bestens zu lösen, theils das Ammoniak des faulenden Urins auszutreiben.

Jene Pflanzenöle, meistens durch heißes Pressen gewonnen, sind in der Regel ranzig, wenn sie es aber nicht sind, werden sie ranzig durch abermalige Erhitzung.

Die frühere Anwendung des teigigen Orleans war ekelhaft, die Lösung desselben in unappetitlichem Oel hat die Ekelhaftigkeit kaum verringert, wohl aber denselben für den ahnungslosen Butterproducenten zu einem gefährlichen Präparat gemacht. Bedenkt man daß die Butter eins der allerempfindlichsten Fette gegen alle äußern Einflüsse ist und ihr größter Fehler deshalb darin besteht, wenn nicht mit der peinlichsten Sorgfalt die Buttergewinnung erstrebt wird, daß dieselbe sehr bald in Verderbniß oder in den ranzigen Zustand übergeführt wird; kommt nunmehr zu jener Thatsache, daß voraussichtlich freie Fettsäure ebenso gut wie freie Milchsäure eine allmälige Zersetzung des Butterfettes herbeiführen kann, bei der Butterung aber jedes Butterkügelchen mit einem ranzigen Oelhäutchen, mindestens Hauch der von vorne herein dem Rahm zugemischten ranzigen Butterfarbe, überzogen wird, so kann kein Zweifel aufkommen, daß die Annatto-Lösung ein verwerfliches Butterfärbemittel ist. Ebensowenig sollte die unappetitliche Orleanlösung (Käsefarbe) zur Färbung der Käse benutzt werden.

Je ranziger die Annatto-Lösung ist, desto verderblicher ist selbstverständlich ihre Wirkung.

Ebenfalls birgt die gewonnene Buttermilch bei einer etwaigen demnächstigen Verwendung eines frischen Rahms, wenn auch nur mit Spuren der Ranzigkeit behaftet, große Gefahren, auch ohne neuen Zusatz der ranzigen Annatto-Lösung, in sich und ist dieselbe voraussichtlich schon allein dadurch im Stande, eine Dauer-Butter vorzeitig in den öligen oder ranzigen Zustand überzuführen. Nothwendig gewordene Färbung der Butter ist übrigens gewöhnlich die Anzeige für Kraftfutter und starker Strohfütterung oder daß Fehler in der Production begangen sind, die einigermaßen haben bemäntelt werden sollen.

Am besten bleibt anscheinend zur Zeit zu jenem Zweck noch immer die schon seit älterer Zeit mannigfach geübte unschuldige Färbung mit Carotten, Safran, Safflor oder Ringelblumen mit verhältnißmäßig wenig siedendem Wasser übergossen. Die erkaltete Lösung wird durch ein Milchsieb in den abzubutternden Rahm gegeben oder in kleinen Verhältnissen mit der Butter durchgeknetet. Wünscht man den Aufguß nicht alle Tage herzustellen, so hält sich ein Vorrath, in einen kühlen Keller gestellt, bis 8 Tage, obgleich eine tägliche Darstellung eben keine erheblichen Unbequemlichkeiten in sich schließt. Uebrigens würden sich für die Herren Fabrikanten anderweitige unschuldige, mit Milchzucker, Rohrzucker oder

Oel mischbare Farbstoffe finden lassen, wobei sie auf die Mitwirkung der milchwirthschaftlichen Versuchsstationen sicherlich würden rechnen können. Das zu verwendende Oel dürfte nur das feinste durchaus ranzigfreie Provence- oder Nizza-Olivenöl sein und jede Erwärmung ausgeschlossen bleiben. Ein erhöhter Preis würde für den Absatz kein Hinderniß bilden, wenn das Präparat bequem zu verwenden, schön färbte und unschuldig wäre, da das Publikum eine Färbung der Butter gewissermaßen gebieterisch verlangt. Das Eifern gegen diese Unsitte dürfte voraussichtlich wenig nützen, dagegen wird es Aufgabe bleiben Sorge zu tragen, daß von der Praxis nur unschuldige Farbstoffe und für dieselben unschuldige und entsprechende Einhüllungsmittel zur Verwendung kommen. Die Farbstoffe, welche zu Versuchen zu empfehlen sein dürften, für sich allein oder auch vielleicht gemischt, wären Brasilin, Carthamin, Curcumin, Lateolin u. s. w., einige Krappfarbstoffe u. s. w. Wässerige Extracte von Carotten, Safran, Safflor, Ringelblumen, dunkelgelbe Georginen, Sonnenblumen u. dgl. m., weingeistiges Extract der Curcumawurzel mit Krappwurzel, unter den erforderlichen Cautelen dargestellt und mit Milchzucker und Rohrzucker gemischt, würden voraussichtlich bequeme und verhältnißmäßig billige Färbemittel abgeben und dürften vorerst in's Auge zu fassen sein. Safran-Extract wird seit mehreren Jahren in den Fabriken von C. Mann in Hildesheim und Dr. Kurz in Wernigerode a. H. hergestellt und mehrfach empfohlen.

Die Herren Fabrikanten der Annatto-Lösung verwahren sich mehrfach gegen die vorstehend angeführten Vorkommnisse, allein dieselben lassen sich wohl bemänteln, aber nicht umstoßen.

Inzwischen soll nicht unterlassen werden hervorzuheben, daß seit meinen Kritiken von 1883 in Tagesblättern und landw. Zeitschriften, die Annattolösungen sorgfältiger hergestellt werden und man angeblich anstatt der angeführten Oele das anscheinend bessere Sesamöl und Baumwollsamenöl verwendet, trotzdem muß die Warnung zu großer Vorsicht empfohlen bleiben.

Anhang.

Die Heu- und Strohbutter und die Fütterung des Milchviehes.

Die Bezeichnungen „Heubutter" und „Strohbutter" kommen im Handel nicht vor, obgleich der Unterschied in der Qualität, namentlich in den extremen Verhältnissen, in der Handelswelt volle Würdigung findet; es dürfte wünschenswerth erscheinen, in Bezug hierauf, über diese Fütterungsverhältnisse, sowie über Fütterungsverhältnisse im Allgemeinen, einige bedeutungsvolle Beobachtungen, Erfahrungen u. s. w. der Beherzigung zu empfehlen.

„Prüfet Alles und behaltet das Beste.“

Die Futterstoffe sind im Stande in dem Butterfette große Abweichungen in Geschmack, Geruch, der Consistenz u. s. w. zu veranlassen, so z. B. giebt bei der Winterstallfütterung vorzugsweise Wiesen- und Kleegras-Heu mit Bohnen-, Erbsen- oder Getreideschrot, Malzkeime, Weizen- und Roggenkleie eine vorzügliche, aromatische Tafel-, andererseits Dauerbutter (Heu-Butter).

Eine Fütterung, vorzugsweise mit Getreidestroh, mit Kraftfutterstoffen, namentlich den mannigfachen im Handel vorkommenden Oelkuchen, kann eine Tafel-, andererseits Dauer-Butter (Stroh-Butter) liefern, jedoch ist dies in der Regel nur eine Secunda- oder Mittel-Waare und verräth ein schwächeres Aroma oder sog. kräftigen Geschmack.

Außer Geschmack, Geruch u. s. w. spielt die Consistenz der Butter im Handel eine bedeutende Rolle und haben auf dieselbe die Futterstoffe nicht selten Einfluß.

Starke Fütterung mit Oelkuchen, gleichviel welcher Abkunft, die flüssiges Fett enthalten, z. B. Raps, Rübsen, Erdnüsse u. s. w., Reiskleie, Weizenkleie u. s. w., liefert in der Regel eine weichliche, oder doch weniger feste Butter, andererseits Oelkuchen, die festes Fett enthalten, z. B. Palmnüsse, Cocosnüsse u. s. w., Rübenköpfe, Gras von sog. sauren Wiesen, liefern eine Butter von fester oder härtlicher Consistenz, so daß also unter andern die Oelkuchen je nach der Consistenz ihrer Fette einen großen Einfluß auf die Consistenz u. s. w. der Butter ausüben.

Ausnahmen kommen nicht selten vor in Geschmack, Geruch, Consistenz, Farbe u. s. w. und sind begründet in Individualitäts- und Organisations-Verhältnissen u. s. w. und in den bedeutendsten Verschiedenheiten der individuellen Verdauungsvorgänge der Thiere, wenn auch gleichen Alters, gleicher Rasse, Heerde und Gesundheitsverhältnisse.

Die verschiedene Verdaulichkeit der Nahrungsbestandtheile ist nicht allein abhängig von den chemisch-physikalischen Zuständen der Nahrung, sondern auch von den chemisch-physiologischen Zuständen und den Leistungen des thierischen Organismus. Hieraus geht gleichzeitig hervor, abgesehen von anderweitigen, sehr bedenklichen Verhältnissen, in Betreff der Bestimmung des Gehaltes der Pflanzenstoffe an Proteïn, Fett und Kohlenhydrate und die daran geknüpften Schlüsse, — den hohen Werth der wissenschaftlichen Forschung keineswegs verkennend, — welchen Werth zur Zeit die landwirthschaftlich-chemischen Nährstoffverhältnisse und Futternormen für die Praxis haben.

Die Herren Prof. Dr. Wilkens, weil. Dr. Grouven, der hervorragende Pionier auf dem Gebiete der praktischen und wissenschaftlichen Fütterungslehre, weil. Prof. Dr. Haubner, Oekonomierath C. Petersen, Winkelmann u. s. w. haben jene Verhältnisse besonders gewürdigt und verdienen dieselben den größten Dank aller Praktiker.

Zur ferneren Bestätigung obiger Angaben mögen hier beiläufig kurze Auszüge, unter anderm aus dem classischen Werke der Gesundheitspflege, des an praktischen Erfahrungen reichen Prof. Dr. Haubner u. s. w., folgen.

„Alle Werthbestimmungen, gleichviel ob sie sich auf den Nährstoffgehalt oder den Nähreffect beziehen, sind und bleiben überall schwankende Bestimmungen, die sich zwischen zwei Extremen hin- und herbewegen. Das liegt in der Natur der Verhältnisse tief begründet und läßt sich niemals abstellen. So ist die Beschaffenheit der Nahrung und ihr Stoffgehalt von einer ganzen Reihe von Umständen abhängig, als da sind: Bodenbeschaffenheit, Düngung, Witterung, Einerntung, Aufbewahrung u. s. w. und es kommen hier schon Schwankungen vor, die um 20 bis 25 pCt. auseinandergehen. In gleicher und noch mehr gesteigerter Weise verhält es sich mit den Nähreffecten. Denn zu den Schwankungen im Nährstoffgehalte gesellt sich hier noch die Verschiedenheit der Nährwirkung nach Maßgabe der Gattung und der Art der Thiere, des Nährzweckes, der Mischung und Zusammensetzung des Futters, des Nahrungsquantums u. s. w. Und es darf daher nicht befremden, wenn hier die Werthangaben selbst bis 100 pCt. und mehr auseinandergehen und eine Differenz von 20—50 pCt. überaus gewöhnlich ist." „Der wahre Werth im gegebenen Falle wird immer erst durch Versuch und Erfahrung gefunden."

Prof. Dr. Wilkens hat im Folgenden die Durchschnittszahlen von 33 Analysen und 84 Versuchen für Heu, Grummet und Gras zusammengestellt und darin gezeigt, wie weit die Extreme auseinandergehen und wie haltlos die Durchschnitts- oder Mittelzahlen sind.*)

Heu, Grummet, Gras.

	Gefunden:		Mittelzahlen:
Protein . . .	7,1—25,1 pCt.	=	16,10 pCt.
Fett	1,6— 5,9 „	=	3,75 „
Extractstoffe . .	38,1—54,7 „	=	46,40 „
Rohfaser . . .	17,4—37,0 „	=	27,20 „
Asche	4,2—12,9 „	=	8,55 „

*) Milchzeitung von Oekonomierath C. Petersen, Jahrg. 1883.

Verdauliche Substanz.

	Gefunden:	Mittelzahlen:
Proteïn . . .	38,9—79,3 pCt.	= 59,10 pCt.
Fett	8,5—69,0 „	= 38,75 „
Extractstoffe . .	48,0—84,4 „	= 66,20 „
Rohfaser . . .	44,6—75,2 „	= 59,90 „

Weil. Dr. Grouven hat eine ganze Reihe von Fütterungsversuchen zu Salzmünde in der umsichtigsten Weise angestellt und ist, wie solches in der Natur der Sache lag, endgültig zu dem Resultate gekommen, „daß sie alle nicht fähig sind, eine befriedigende Theorie über die Rationen der Milchkühe zu geben.“*)

Diesem nach muß der Praktiker, da die Thier-Ernährungslehre sich in einem fortwährenden Umwandlungsproceß befindet, zur Zeit vor der Anwendung der billigen, theoretisch berechneten Futterrecepte dringend gewarnt werden, um nicht unberechenbaren Verlusten anheimzufallen und bietet die Feststellung der empfehlenswerthesten Rationen oder Futterrecepte durch die Praxis, für einen bestimmten Viehstand und bestimmte Futterstoffe, keine unüberwindlichen Schwierigkeiten, wenn man nämlich:

1. monatliche oder anfängliche wöchentliche Wägungen des Lebendiggewichtes der Productionsthiere,
2. tägliche Wägungen oder genaue Messungen der Milch und
3. strenge Buchführung über jene Verhältnisse anstellt.

Vergleichende Versuche mit den mannigfachsten Futterstoffen werden auf diese Weise durch Gewicht und Maß am sichersten controlirt.

Jeder Versuch, soll er zuverlässige Resultate ergeben, muß beim Rinde mindestens 1 Monat, besser bis 1½ Monate durchgeführt werden. Zahlreiche, sowohl von Theoretikern wie Praktikern, angestellte Fütterungsversuche, welche nicht selten als Belege angeführt werden, haben deshalb keinen Werth, weil die Zeit der Versuche eine zu kurze war.**)

Die Wägungen des Lebendiggewichtes haben Morgens vor dem ersten

---

*) Vorträge über Agricnlturchemie in Bezug auf Physiologie. Dritte Auflage.

**) Von mir ausgeführte Sectionen haben ergeben, daß Futterstoffe, z. B. gequetschter Buchweizen, 4—6 Wochen, in nicht unbedeutenden Mengen, im Pansen gelegen hatten und zwar in einem Falle vom 18. Mai bis zum 17. Juni 1851, im anderen Falle vom 20. Mai bis zum 26. Juni 1857. Die erstere Kuh wurde auf der Weide an Trommelsucht gestorben gefunden, die andere war auf der Weide an Verstopfung des Psalters gestorben. Beide Kühe waren längere Zeit auf dem Stalle mit gequetschtem Buchweizen gefüttert, waren dann am 18. Mai, andererseits am 20. Mai völlig gesund, auf die Weide gesandt, und hatten recht viel Milch gegeben, so daß also kein Irrthum möglich war.

Futter und Getränk zu geschehen und ist die abgelaufene Kalbezeit in Bezug des Milchertrages sehr wohl in Rechnung zu ziehen.

Die beiden Sprichworte: „Probiren geht über Studiren" und „Ein Loth Praxis ist mehr werth, als tausend Sprüche Weisheit", werden im täglichen Leben oft mißbraucht, dürften hier aber am Platze sein.

Ranzige oder angeschimmelte Oel-Kuchen, gleichviel welcher Art, liefern keine Dauer-Butter, wohl aber eine Butter, die recht bald in die „ölige" übergeht. Auf die nachtheiligen Verhältnisse, welche derartige Kuchen auf den Gesundheitszustand der betreffenden Thiere nach und nach ausüben, kann hier nicht weiter eingegangen werden, eine Thatsache ist aber, daß eine große Zahl aller im Handel vorkommenden Oelkuchen, namentlich die durch heiße Pressung gewonnenen, sich mehr und minder im ranzigen Zustande befinden und daher nur als Mastfutter Verwendung finden sollten, um mannigfaltige Nachtheile zu verhüten.

So weit erinnerlich, vor etwa 25 Jahren, machte der weil. General-Secretär Hach in Kiel im landwirthschaftlichen Wochenblatte des Generalvereins darauf aufmerksam und bedauerte die Klagen der Butterfirmen über die alljährlich zunehmenden Butterfehler und hatten diese vorzugsweise ihren Grund in der Verfütterung schlechter Oelkuchen und bereits erörterten Neuerungen; diese Verhältnisse besserten sich allmälig, nachdem die Lieferanten von den Händlern mit Abzügen reichlich bedacht wurden und hartes Lehrgeld bezahlt worden war, durch zweckentsprechende Modification jener Neuerungen. „Das Gute ist nicht immer neu und das Neue nicht immer gut."

Will man trotz der Gewißheit, daß die Oelkuchen kein naturgemäßes Futter für unsere Hausthiere ergeben, vielmehr recht oft ranzig sind oder doch bald ranzig oder schimmlig werden, daß Milch, Fleisch und Fett sehr leicht unliebsamen qualitativen Veränderungen unterworfen sind, daß manches werthvolle Thier verendet, weil es in den Oelkuchen nicht selten befindliche Nägel, Drahtstifte und Stumpfen, Eisen- und Holzmaschinenbestandtheile, grobe Fasern von Piassavabesen u. s. w. verschluckte trotz der Gewißheit, daß schließlich die berechneten Geldwerthe der landwirthschaftlichen Theoretiker zur Zeit Trugbilder sind, demnach die Preiswürdigkeit der Oelkuchen gegen anderweitige naturgemäße Kraftfutterstoffe äußerst zweifelhaft ist, will man trotzdem diese Oelkuchen unter anderweitigen mißlichen Verhältnissen, namentlich wegen Mangel an naturgemäßen Kraftfutterstoffen, als Beifutter dem Milchvieh verabreichen, so würde der Verfasser den Schroten von Früchten und Samen, welche durch flüchtige Stoffe größtentheils von den Fetten und Oelen befreit werden, unter anderm Raps- und Rübsamenschrot, Palmkernschrot u. dgl. m. wegen ihrer Beständigkeit und Form, nachdem dieselben durch ein Magnetsieb gesiebt, den Vorzug einräumen. Einige Proben Palmkernschrot, die der Verfasser ein und zwei Jahre aufbewahrt hatte, zeigten keine oder schließlich nur eine zweifelhafte Ranzigkeit; — jahrelange Aufbewahrung jener Futterstoffe dürfte zur Zeit wohl kaum vorkommen.

Die vorstehenden Fütterungsweisen, welche heutigen Tages in der Praxis häufig vorkommen, sind Extreme und liegen zwischen denselben eine Menge Modificationen. Die verschiedenen Uebergänge von der vorzugsweisen Heufütterung u. s. w. zur vorzugsweisen Strohfütterung u. s. w. und umgekehrt sind wohl nahezu in jeder Wirthschaft andere, demnach aber auch die gewonnene Butter eine verschiedene. Fast jede Veränderung mit den Futterstoffen giebt eine Abweichung in dem Geschmack und Beschaffenheit der Butter und eine feinschmeckende, scharfblickende und aufmerksame Hausfrau oder Meierin bemerkt gar bald jede Modification an der gewonnenen Butter, wenn auch ohne ihr Wissen die eine oder andere Abweichung von der üblichen Futterverabreichung stattgefunden hat; die Butter ist in dieser Beziehung gewissermaßen der Barometer und Thermometer der Fütterung. Auf den internationalen und Provinzial-Molkereiausstellungen so wie in großen Butterhandlungen kann man sich recht gründlich von der großen Verschiedenheit der Buttereinsendungen event. der Buttervorräthe, welche theilweise in der Nährstoffaufnahme der Thiere begründet ist, unterrichten und ist der Besuch dieser Ausstellungen und Handlungen jedem Milchwirthschafter und jeder Milchwirthschafterin recht angelegentlich zu empfehlen, um unter andern sich an Kenntnissen zu bereichern und einen etwaigen egoistischen oder selbstsüchtigen Unfehlbarkeitsdünkel zu erschüttern.

Je mehr sich die Fütterung auf Wiesen- und Kleegras-Heu und naturgemäße Kraftfutterstoffe gründet, desto besser ist in allen Beziehungen die gewonnene Butter, und nur unter derartigen Fütterungs- resp. Weide-Verhältnissen läßt sich die vorzüglichste Tafel-, andererseits Dauer-Butter mit einer gewissen Sicherheit herstellen. Bei Herstellung fehlerfreier, vorzüglicher Käse wird es sich höchst wahrscheinlich in ähnlicher Weise verhalten.

In weiser Berücksichtigung jener Verhältnisse verlegt man denn auch die Molkereiausstellungen gerne in den Herbst und nicht auf das Frühjahr.

Die genaue Beurtheilung der Qualität der Butter und der Butterfehler ist für den Producenten ein dringendes Bedürfniß, indeß wird diesem bis jetzt weder in der Praxis, noch in Lehrbüchern Rechnung getragen; — Belege hierfür sind die zahlreich verfehlten Einsendungen auf jeder Molkereiausstellung u. s. w.

Diese Kenntnisse erwirbt man nur in befriedigender Weise auf bezüglichen Ausstellungen und namentlich auch bei erfahrenen Butterhändlern großer Geschäfte.

Zahlreiche Landwirthe Schleswig-Holsteins, aber auch Dänemarks,*) die auf die Darstellung hochfeiner Butter, namentlich Dauerbutter, großen Werth legen, befleißigen sich, ihren Milchkühen auf dem Stalle möglichst recht viel Wiesen- und Kleegrasheu und ein Gemengefutter-Schrot aus Hafer, Gerste, gelben oder grünen Erbsen und Wicken zu verabreichen und spendet der Verfasser dieser Mischung trotz vieler Anfechtungen, wenn der Boden sich nicht sonderlich für Pferdebohnenbau eignet, seinen Beifall. Bei der Fütterung mit vorzugsweise Heu und mäßigen Gaben von Stroh, bedarf es nur einer verhältnißmäßig geringen Beigabe von jenem Gemengefutter-Schrot und besonders von Bohnen und grauen Erbsen, damit der Gehalt des Futters an Fett mehr denn ausreichend ist. Vorzügliche Viehbestände und Milchergebnisse sieht man bei jenem Beifutter von Gemenge-Saaten und empfiehlt der Verfasser eine Aussaat von 400—450 Pfd. pro Hektar, in circa folgenden Verhältnissen: 8 G.-Thl. Hafer, 4 G.-Thl. Gerste, 2 G.-Thl. Erbsen und 1 G.-Thl. Wicken. Mehr Erbsen und Wicken erzeugen in nassen Jahrgängen leicht zu starkes Lager und sind andererseits auch nicht ohne Gefahr für die Qualität der Milch und Butter.

Der Anbau der Bohnen-Erbsen**) (8—10 G.-Thl. Pferdebohnen, 1 G.-Thl. Eiderstedter großfrüchtige graue Erbsen sind die vorzüglichsten Kraftfutterstoffe) wird auf „Kleeboden" im Allgemeinen, abgesehen von der in vielen Gegenden stiefmütterlichen Behandlung der Wiesen und des Kleegrasbaues, leider noch immer sehr vernachlässigt, dagegen der Ankauf namentlich von Millionen Pfunden verhältnißmäßig theurer, theilweise ranziger Oelkuchen, willig bewerkstelligt. Der große, jedoch immerhin geringste Nachtheil sind die zunehmenden Milch- und Butterfehler.

---

*) In Dänemark ist man seit etwa dem Jahre 1881—1882 in zahlreichen Wirthschaften immer mehr und mehr von diesem Gemengfutterschrot abgegangen und zu starker Fütterung mit Oelkuchen und Runkelrüben übergegangen und schiebt man ziemlich allgemein den seit jener Zeit wahrnehmbaren Rückgang hochfeiner Butter auf jene theilweise naturwidrige Fütterungsweise, namentlich der Oelkuchen, theilweise aber auch auf den Mischmasch der Milch in den Centrifugen-Sammel-Meiereien.

**) Bohnen, Erbsen, Wicken und Klee sind die wahren Stickstoff-Absorbirer oder Stickstoff-Vermehrer, wogegen die Getreidepflanzen die wahren Stickstoff-Verzehrer sind. Diesemnach können auf kleefähigem Boden obige Pflanzen in der vernunftgemäßen Fruchtfolge durchaus nicht entbehrt werden und wird der milch- und mastwirthschaftliche Landwirth großen Werth darauf zu legen haben, jenen Pflanzen in der Fruchtfolge einen großen Platz einzuräumen. Prof. Dr. Wagner: Die Steigerung der Bodenerträge durch rationelle Stickstoff-Düngung. Darmstadt, 1887.

Das Deutsche Reich hat nach den Angaben von Director Professor Dr. Drechsler-Göttingen, circa 26 Millionen Hektar Ackerfläche, von diesen werden ca. 52 pCt. mit Getreide, ca. 18 pCt. mit Klee- und Futtergewächsen und nur ca. 6 pCt. mit Hülsenfrüchten (von welchen noch etwa 1 pCt. für die menschliche Nahrung abzuziehen sein dürfte) angebaut.

Die Hülsenfrüchte als Vorfrucht machen bekanntlich den Getreidebau gewinnreicher, trotzdem kann der Werth eines Getreideareals mit dem äquivalenten Bohnen-Erbsen-Areal nach des Verfassers ca. 20jährigem Bau und exacter Buchführung, im Mittel der Jahre, niemals concurriren.

Nur etwa 2 pCt. mehr Hülsenfrüchte würde eine gewaltige Menge Kraftfutter für das Milchvieh liefern und als Vorfrucht voraussichtlich keinen Ausfall in der Getreideernte des auf 50 pCt. reducirten Areals bewirken, dagegen die Oelkuchen dahin verweisen, wohin sie vorzugsweise gehören, — zu Mastfutter, obgleich manche alte Freunde des Verfassers und gewiegte Fettmäster der Marschen, nach mannigfachen Fütterungsversuchen, nichts von Oelkuchen wissen wollen, sondern außer Weide, den Pferdebohnen, Erbsen u. s. w. in jeder Beziehung den Vorzug einräumen.

Die besten Milchkühe Großbritanniens, die rühmlichst bekannte Ayrshire-Kuh liefert im Jahre, ähnlich wie die bekannte Angelner Kuh, bis 4000 Liter einer sehr fetten Milch, bei einem Lebendiggewicht zwischen 700—900 Pfd., erhält aber auf dem Stalle nur Heu, Stroh und Rüben mit Pferdebohnen-Schrot.

Angeblich wurde aus Schleswig-Holstein im Jahre 1813 von Flensburg aus, die ersten Raps- und Leinkuchen à 100 Pfd. für 1 Mk. 8 Schillinge = 1 Mk. 80 Pfg. und für denselben Preis die erste Schiffsladung Knochen von Kappeln aus, nach England expedirt. Nachdem die Kuchen und Knochen, etwa in den Jahren 1855—1860, auf gegen 5 Mk. gegenwärtiger Münze stiegen, überließen uns die speculativen Engländer Kuchen und Knochen und bauten in erhöhtem Maße Kraftfutterstoffe, namentlich Pferdebohnen und Erbsen und holten sich gleichzeitig und bis auf den heutigen Tag, großartige Massen Pferdebohnen aus Marocco.

Durch die trügerischen, theoretischen Berechnungen sind auf Kosten der Landwirthe die Oelkuchen theuer und das Oel verhältnißmäßig billig geworden,*) anstatt die Oelkuchen den Werth, wie vor etwa 1860, als Dungstoff, nicht übersteigen sollten.

*) Mit Genugthuung ist zu bemerken, daß die Anpreisungen großer Gaben Oelkuchen für sämmtliche Hausthiere mehr und mehr verstummen, dagegen andererseits gewichtige Stimmen erscheinen, die empfehlen, für Rinder möglichst die vorzüglichsten Kraftfutterstoffe (Bohnen, Erbsen, Gemengfutter, Kleegras u. s. w.) selbst zu bauen nnd nur in den dringendsten Fällen von den käuflichen Futterstoffen Gebrauch zu machen.

6*

Wenn die Oelkuchen vorzugsweise zur Mastung geeignet erachtet werden, glaubt der Verfasser doch, nochmals daran erinnern zu müssen, daß dieselben im letzten Monate der Mastung verabreicht, Fleisch und Fett schädigen und in Folge dessen den Marktpreis beeinträchtigen. In Bezug hierauf spricht man oft von der Flüchtigkeit des menschlichen und thierischen Lebens, ohne zu ahnen, wie rasch in der That das Leben dahineilt. In $^1/_2$ Minute hat im Mittel das Blut seine Kreislaufbahn durch den ganzen Körper genommen und in circa 30 Tagen ist der ganze Körper mit Ausnahme der harten Gebilde: Knochen, Knorpel, Horngebilde u. dgl. erneut und die Verjüngung des Menschen und der Hausthiere vollendet und nicht wie man vor Zeiten annahm, in 7 Jahren. Ein naturgemäßes Futter liefert demnach noch in den letzten 30—35 Tagen verabreicht, ein dementsprechendes Fleisch und Fett, eine werthvolle wissenschaftliche Feststellung, welche in der Praxis, anscheinend aus Unkenntniß, recht wenig Beachtung gefunden hat.

Warnung bedarf es schließlich noch vor der zeitigen Menge von oberflächlichen Beobachtern, andererseits Halbwisser und Nachbeter, die auf Entdeckungen gewissermaßen Jagd machen, weshalb von Seiten der Landwirthe ein conservatives Verhalten Neuerungen gegenüber recht häufig gerechtfertigt ist und Vorsicht in diesen Beziehungen immer und immer wieder empfohlen werden muß.

Rückblick
auf die Darstellung der „feinen" und „hochfeinen" Dauerbutter, andererseits Tafelbutter.

Im Sommer gute und gesunde Weide und gutes Trinkwasser, im Winter naturgemäße Nahrung, temperirte, reine Stallluft, sorgfältige pünktliche Fütterung, Wartung und Pflege der Thiere und jederzeit peinliche Reinlichkeit und Sauberkeit des Meiereipersonals, der Meiereiräumlichkeiten und der Meiereigeräthschaften.

Die Milch fehlerfrei, möglichst neutral, — amphoter oder schwach alkalisch.

Die Aufbewahrung der Milch in gut ventilirten, trockenen Kellerräumen bei einer Temperatur von 14—15° C.*) besser niedriger, und empfehlenswerth rasche Abkühlung der kuhwarmen Milch auf Kellertemperatur; in der Wassermeierei, die Temperatur des Wassers höchstens 9 bis 10° C. und ununterbrochene Kühlung der Milch.

Die Abrahmung für die Dauerbutter nach 12 Stunden, für die Tafelbutter nach 24, längstens 36 Stunden.

In der Centrifugenmeierei fallen die Aufbewahrung der Vollmilch und die Abrahmung, diese beiden wichtigen Vorkommnisse, welche zu vielen Kosten, Unbequemlichkeiten u. s. w., zu manchen Butter- und Käsefehlern Veranlassung geben, gänzlich fort.

Der Rahm süß, neutral, — amphoter.

Die Gährungszeit für Dauerbutter, bei einem 12stündigen Stande, die Temperatur des Rahms zwischen 20—25° C.; bei 24stündigem Stande, die Temperatur des Rahms zwischen 14—18° C. und zeitweiliges Umrühren; für Tafelbutter, bei einem 24stündigen Stande, die Temperatur des Rahms zwischen 14—18° C. und zeitweiliges Umrühren; — zeitweiliges Umrühren befördert den Reifungsproceß.

Die Rahmreife. Der Rahm ist reif oder bestens abbutterungsfähig, wenn derselbe von einem in dem Rahm hineingetauchten, glatten, hölzernen Löffel oder Stab langsam, zusammenhängend abläuft ohne einen milchichten Ueberzug zu hinterlassen.

Die Abbutterung zwischen 30—45 Minuten, bei einer Temperatur zwischen 13—18° C.; — beendet sobald die Butterkügelchen Kohlsamen- oder Senfsamenkörner-Größe erreicht haben.

Färbung. Falls diese bewerkstelligt werden soll, wird solche am zweckentsprechendsten bewirkt, wenn der Farbstoff dem abzubutternden Rahm gleich beigegeben wird.

---

*) 5° Celsius = 4° Réaumur = 9° Fahrenheit.

Die Waschung und Knetung hat zu geschehen mit den in ein Haarsieb gesammelten Butterkrümelchen, durch Behandlung mit 2 bis 3, höchstens 4malig zu wechselndem frischem Brunnenwasser.

Die Knetung mit Kochsalz muß so lange geschehen, bis ein in die ausgepreßte oder ausgeknetete Kochsalzlösung getauchtes Stückchen blaues Lackmuspapier völlig unverändert bleibt.

Die Verpackung hat zu geschehen 2—3 Stunden, nachdem die Butter dem Butterfasse entnommen ist, — nöthigenfalls, namentlich im Sommer, Abkühlung in einem Eisschrank, andernfalls ist sie in Zwielicht, besser in Dunkelheit unter einer 3—5procentigen Kochsalzlösung kalt aufzubewahren; für Tafelbutter binnen 4—5 Stunden, andernfalls ist mit derselben ähnlich, wie bei der Dauerbutter zu verfahren.

Druck von C. H. Schulze & Co. in Gräfenhainichen.

Zeitfracht Medien GmbH
Ferdinand-Jühlke-Straße 7
99095 Erfurt, Deutschland
produktsicherheit@kolibri360.de